普通高等教育"十三五"规划教材

# 环境科学与工程类专业创新实验指导书

朱四喜　王凤友　吴云杰　王志康　杨秀琴　编著

北京
冶金工业出版社
2018

## 内 容 提 要

本书分七个部分来阐述环境科学与工程类专业创新实验体系，分别介绍了水污染控制工程、大气污染控制工程、固体废物处理与处置、土壤环境分析、植物生理生化分析、环境生态工程和环境仪器分析创新实验。

本书可作为高等学校环境科学与工程类专业（环境科学与工程、环境科学、环境工程、环境生态工程、资源环境科学）、生态学、市政、给排水、农业资源与环境等专业的实验教学和环境保护行业技术人员的教材和参考指导书。

**图书在版编目(CIP)数据**

环境科学与工程类专业创新实验指导书/朱四喜等编著.—北京：冶金工业出版社，2018.1

普通高等教育“十三五”规划教材

ISBN 978-7-5024-7713-4

Ⅰ.①环… Ⅱ.①朱… Ⅲ.①环境科学—实验—高等学校—教学参考资料 ②环境工程—实验—高等学校—教学参考资料 Ⅳ.①X-33

中国版本图书馆 CIP 数据核字(2018)第 012037 号

出 版 人 谭学余

地　　址 北京市东城区嵩祝院北巷 39 号 邮编 100009 电话 (010)64027926

网　　址 www.cnmip.com.cn 电子信箱 yjcbs@cnmip.com.cn

责任编辑 于昕蕾 美术编辑 吕欣童 版式设计 禹 蕊

责任校对 郑 娟 责任印制 李玉山

ISBN 978-7-5024-7713-4

冶金工业出版社出版发行；各地新华书店经销；三河市双峰印刷装订有限公司印刷

2018 年 1 月第 1 版，2018 年 1 月第 1 次印刷

169mm×239mm；13.75 印张；266 千字；209 页

**27.00** 元

**冶金工业出版社 投稿电话 (010)64027932 投稿信箱 tougao@cnmip.com.cn**

**冶金工业出版社营销中心 电话 (010)64044283 传真 (010)64027893**

**冶金书店 地址 北京市东四西大街 46 号(100010) 电话 (010)65289081(兼传真)**

**冶金工业出版社天猫旗舰店 yjgycbs.tmall.com**

（本书如有印装质量问题，本社营销中心负责退换）

本书得到了2015年国家自然科学基金项目(31560107)、贵州省科技厅2018年度科技支撑计划(社会发展)项目和2016年度贵州民族大学校级教学改革项目(GUN2016JG25)的资助,在此一并表示感谢!

本书得到了 2015 年国家自然科学基金项目(31560102)、贵州省科技厅 2018 年度科技支撑计划(社会发展)项目和 2016 年度贵州民族大学校级教学改革项目（GZMZ2016JG25）的资助，在此一并表示感谢！

# 前　言

创新实验是环境科学与工程专业人才培养与教学计划中重要的实践环节。学生应掌握专业的基本知识、基本技能和基本方法，而且应具有分析问题和解决问题的能力。本书的编写力图适应“十三五”高等教育改革和环境科学与工程类专业的实验要求，在使用多年的贵州民族大学校内讲义《环境科学与工程类专业综合创新实验指导书》的基础上，由贵州民族大学生态环境工程学院部分教师编写完成。

本书分为七个部分：第一部分为水污染控制工程创新实验；第二部分为大气污染控制工程创新实验；第三部分为固体废物处理与处置创新实验；第四部分为土壤环境分析创新实验；第五部分为植物生理生化分析创新实验；第六部分为环境生态工程创新实验；第七部分为环境仪器分析创新实验。

本书为贵州民族大学环境科学与工程类专业的本科必修课-环境科学与工程类专业实验的指定教材，对于其他兄弟院校工科专业环境科学与工程类专业的实验教学也有一定的参考价值。本书由朱四喜、王凤友、吴云杰、王志康、杨秀琴编著，贵州民族大学生态环境工程学院、化学工程学院部分老师提出了许多重要的修改意见，部分实验的编写也得到浙江大学常杰教授、葛滢教授，浙江海洋大学杨红丽高级实验师等老师的指导，以及研究生赵斌、顾金峰、徐铖负责校对工作。同时，本书得到了 2015 年国家自然科学基金项目（31560107）、贵州省科技厅2018年度科技支撑计划（社会发展）项目和2016年度贵州民族大学校级教学改革项目（GUN2016JG25）的资助，在此一并表示感谢！

由于时间紧迫和编者水平有限，书中不妥之处在所难免，恳请批评指正。

朱四喜

2017年10月于贵阳

# 目　录

# 第一部分

# 水污染控制工程创新实验

SHUIWURAN KONGZHI GONGCHENG CHUANGXIN SHIYAN

# 实验1 化学混凝实验

## 一、实验意义和目的

分散在水中的胶体颗粒带有电荷，同时在布朗运动及其表面水化作用下，长期处于稳定分散状态，不能用自然沉淀方法去除。向这种水中投加混凝剂后，可以使分散颗粒相互结合聚集增大，从水中分离出来。由于各种废水差别很大，混凝效果不尽相同。混凝剂的混凝效果不仅取决于混凝剂种类、投加量，同时还取决于水的 pH 值、水温、浊度、水流速度梯度等影响。

通过本次实验，希望达到以下目的：

（1）加深对混凝沉淀原理的理解；

（2）掌握化学混凝工艺最佳混凝剂的筛选方法；

（3）掌握化学混凝工艺最佳工艺条件的确定方法。

## 二、实验原理

化学混凝的处理对象主要是废水中的微小悬浮物和胶体物质。根据胶体的特性，在废水处理过程中通常采用投加电解质、相反电荷的胶体或高分子物质等方法破坏胶体的稳定性，使胶体颗粒凝聚在一起形成大颗粒，然后通过沉淀分离，达到废水净化效果。关于化学混凝的机理主要有以下四种解释。

### （一）压缩双电层机理

当两个胶粒相互接近以至双电层发生重叠时，就产生静电斥力。加入的反离子与扩散层原有反离子之间的静电斥力将部分反离子挤压到吸附层中，从而使扩散层厚度减小。由于扩散层减薄，颗粒相撞时的距离减少，相互间的吸引力变大。颗粒间排斥力与吸引力的合力由斥力为主变为以引力为主，颗粒就能相互凝聚。

### （二）吸附电中和机理

异号胶粒间相互吸引达到电中和而凝聚；大胶粒吸附许多小胶粒或异号离子，$\xi$ 电位降低，吸引力使同号胶粒相互靠近发生凝聚。

### （三）吸附架桥机理

吸附架桥作用是指链状高分子聚合物在静电引力、范德华力和氢键力等作用下，通过活性部位与胶粒和细微悬浮物等发生吸附桥连的现象。

### （四）沉淀物网捕机理

当采用铝盐或铁盐等高价金属盐类作凝聚剂时，当投加量很大形成大量的金属氢氧化物沉淀时，可以网捕、卷扫水中的胶粒，水中的胶粒以这些沉淀为核心产生沉淀。这基本上是一种机械作用。

在混凝过程中，上述现象通常不是单独存在的，往往同时存在，只是在一定情况下以某种现象为主。

## 三、实验材料及装置

### （一）主要实验装置及设备

（1）化学混凝实验装置，它采用的是六联搅拌器，其结构如图 1-1 所示；（2）pHS-2 型精密酸度计；（3）COD 测定装置；（4）干燥箱；（5）分析天平。

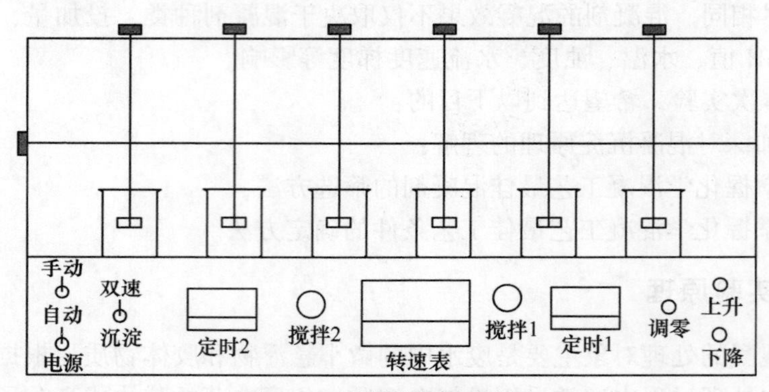


图 1-1　化学混凝实验装置

### （二）实验用水

生活污水、造纸废水、印染废水等。

### （三）实验药品

（1）混凝剂：聚合硫酸铁（PFS）、聚合氯化铝（PAC）、聚合硫酸铁铝（PAFS）、聚丙烯酰胺（PAM）等；（2）COD 测试相关药品。

## 四、实验内容

### （一）实验方法

取 300mL 废水于 500mL 烧杯中，加酸或碱调整 pH 值后，按一定的比例投加混凝剂，在六联搅拌器上先快速搅拌（转速 200r/min）2min，再慢速搅拌（80r/min）10min，然后静置，观察并记录实验过程中絮体形成的时间、大小及密实程度、沉淀快慢、废水颜色变化等现象。静置沉淀 30min 后，于表面 2~3cm 深处取上清液测定其 pH 值和 COD。

### （二）实验步骤

1. 最佳混凝剂的筛选

根据所选废水的水质特点，利用聚合硫酸铁（PFS）、聚合氯化铝（PAC）、聚合硫酸铁铝（PAFS）、聚丙烯酰胺（PAM）等常规混凝剂进行初步实验，根据实验现象和检测结果，筛选出适宜处理该废水的最佳混凝剂。

2. 混凝剂最佳投加量的确定

利用筛选出的混凝剂，取不同的投加量进行混凝实验，实验结果记入表1-1。根据实验结果绘制 COD 去除率与混凝剂投加量的关系曲线，确定最佳的混凝剂投加量。

**表 1-1　最佳投药量实验记录**

第________组　姓名________　实验日期________

原水温度________℃　　色度________　pH 值________　COD ________ mg/L

使用混凝剂的种类及浓度__________

<table>
<tr><td colspan="2">水样编号</td><td>1</td><td>2</td><td>3</td><td>4</td><td>5</td><td>6</td></tr>
<tr><td colspan="2">混凝剂投加量/mg · L⁻¹</td><td></td><td></td><td></td><td></td><td></td><td></td></tr>
<tr><td colspan="2">矾花形成时间/min</td><td></td><td></td><td></td><td></td><td></td><td></td></tr>
<tr><td colspan="2">絮体沉降快慢</td><td></td><td></td><td></td><td></td><td></td><td></td></tr>
<tr><td colspan="2">絮体密实</td><td></td><td></td><td></td><td></td><td></td><td></td></tr>
<tr><td rowspan="3">处理水水质</td><td>色度</td><td></td><td></td><td></td><td></td><td></td><td></td></tr>
<tr><td>pH 值</td><td></td><td></td><td></td><td></td><td></td><td></td></tr>
<tr><td>COD/mg · L⁻¹</td><td></td><td></td><td></td><td></td><td></td><td></td></tr>
<tr><td rowspan="3">搅拌条件</td><td>快速</td><td rowspan="3" colspan="2">搅拌时间/min</td><td></td><td rowspan="3" colspan="2">转速/r · min⁻¹</td><td></td></tr>
<tr><td>中速</td><td></td><td></td></tr>
<tr><td>慢速</td><td></td><td></td></tr>
<tr><td colspan="2">沉降时间/min</td><td colspan="6"></td></tr>
</table>

3. 最佳 pH 值的确定

调整废水的 pH 值分别为 6.0、6.5、7.0、7.5、8.0 进行混凝实验，实验结果记入表 1-2。根据实验结果绘制 COD 去除率与 pH 值的关系曲线，确定最佳的 pH 值条件。

**表 1-2　最佳 pH 值实验记录**

第________组　姓名________　实验日期________

原水温度________℃　　色度________　pH 值________　COD ________ mg/L

使用混凝剂的种类及浓度__________

| 水样编号 | 1 | 2 | 3 | 4 | 5 | 6 |
| --- | --- | --- | --- | --- | --- | --- |
| HCl 投加量/mg · L⁻¹ | | | | | | |
| NaOH 投加量/mL | | | | | | |

续表 1-2

| 水样编号 | | 1 | 2 | 3 | 4 | 5 | 6 |
|---|---|---|---|---|---|---|---|
| 絮体沉降快慢 | | | | | | | |
| 混凝剂投加量/mg·L$^{-1}$ | | | | | | | |
| 实验水样 pH 值 | | | | | | | |
| 处理水水质 | 色度 | | | | | | |
| | pH 值 | | | | | | |
| | COD/mg·L$^{-1}$ | | | | | | |
| 搅拌条件 | 快速 | 搅拌时间/min | | | 转速/r·min$^{-1}$ | | |
| | 中速 | | | | | | |
| | 慢速 | | | | | | |
| 沉降时间/min | | | | | | | |

4. 考察搅拌强度和搅拌时间对混凝效果的影响

在混合阶段要求混凝剂与废水迅速均匀混合，以便形成众多的小矾花；在反应阶段既要创造足够的碰撞机会和良好的吸附条件让小矾花长大，又要防止生成的絮体被打碎。根据本实验装置——六联搅拌器的特点，通过烧杯混凝搅拌实验，确定最佳的搅拌强度和搅拌时间。

## 五、实验结果与讨论

（1）不同混凝剂对 COD 去除率的影响。

（2）混凝剂的投加量对 COD 去除率的影响。

（3）pH 值对 COD 去除率的影响。

（4）搅拌速度和搅拌时间对 COD 去除率的影响。

（5）混凝最佳工艺条件的确定。

（6）简述影响混凝效果的几个主要因素。

（7）为什么投药量大时，混凝效果不一定好？

# 实验 2　水静置沉淀实验

## 一、实验意义和目的

沉淀是水污染控制用以去除水中杂质的常用方法。沉淀有四种基本类型：自由沉淀、凝聚沉淀、成层沉淀和压缩沉淀。自由沉淀用以去除低浓度的离散性颗粒，如沙砾、铁屑等。这些杂质颗粒的沉淀性能一般都要通过实验测定。本实验拟采用沉降柱实验，找出颗粒物去除率与沉降速度的关系。

通过本实验，希望达到以下目的：

（1）掌握沉淀特性曲线的测定方法；

（2）了解固体通量分析过程；

（3）加深对沉淀原理的理解，为沉淀池的设计提供必要的设计参数。

## 二、实验原理

在含有分散性颗粒的废水静置沉淀过程中，设试验筒内有效水深为 $H$（图 2-1 和图 2-2），通过不同的沉淀时间 $t$，可求得不同的颗粒沉淀速度 $u$，$u=H/t_0$ 对于指定的沉淀时间 $t_0$，可求得颗粒沉淀速度 $u_0$。对于沉淀等于或大于 $u_0$ 的颗粒在 $t_0$ 时可全都去除，而对于沉淀 $u<u_0$ 的颗粒只有一部分去除，而且按 $u/u_0$ 的比例去除。

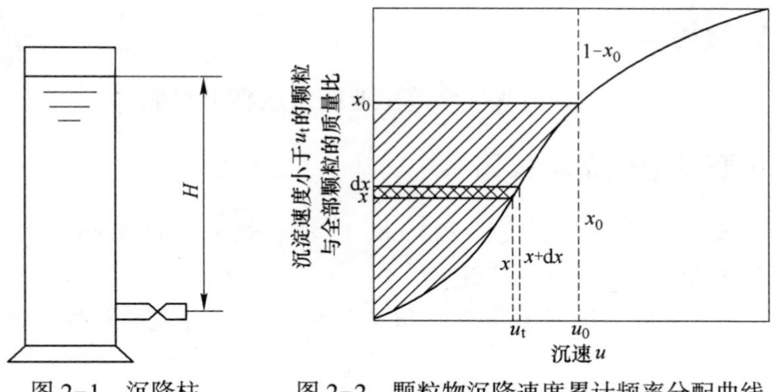


图 2-1　沉降柱　　图 2-2　颗粒物沉降速度累计频率分配曲线

设 $x_0$ 代表沉淀速度不大于 $u_0$ 的颗粒所占比例，于是在悬浮颗粒总数中，去除的比例可用 $1-x_0$ 表示。而具有沉速 $u \leqslant u_0$ 的每种粒径的颗粒去除的部分等于 $u/u_0$。因此考虑到各种颗粒粒径时，这类颗粒的去除比例为 $\int_x^{x_0} \frac{u}{u_0}\mathrm{d}x$，则：

总去除率
$$E = (1 - x_0) + \frac{1}{u_0}\int_0^{x_0} u\mathrm{d}x$$

式中第二项可将沉淀分配曲线用图解积分法确定，如图 2-2 中的阴影部分。

对于絮凝型悬浮物的静置沉淀的去除率，不仅与沉淀速度有关，而且与深度有关。因此试验筒中的水深应与池深相同。沉降柱的不同深度设有取样口，在不同的选定时段，自不同深度取水样，测定这部分水样中的颗粒浓度，并用以计算沉淀物质的比例。在横坐标为沉淀时间、纵坐标为深度的图上绘出等浓度曲线，为了确定一特定池中悬浮物的总去除率，可以采用与分散性颗粒相似的近似法求得。

上述是一般废水静置沉淀试验方法。这种方法的实验工作量相当大，因此实验过程中对上述方法进行了改进。

沉淀开始时，可以认为悬浮物在水中的分布是均匀的。可是随着沉淀历时的增加，悬浮物在沉降柱内的分布变为不均匀的。严格地说经过沉淀时间 $t$ 后，应将沉降柱内有效水深 $H$ 的全部水样取出，测出其悬浮物含量，来计算出 $t$ 时间内的沉淀效率。但是这样工作量太大，而且每个试验筒内只能求一个沉淀时间的沉淀效率。为了克服上述弊端，又考虑到试验筒内悬浮物浓度沿水深的变化，所以我们提出的实验方法是将取样口装在沉降柱 $H/2$ 处。近似地认为该处水的悬浮物浓度代表整个有效水深悬浮物的平均浓度。我们认为这样做在工程上的误差是允许的，而试验及测定工作量可大为简化，在一个沉降柱内就可多次取样，完成沉淀曲线的实验。

## 三、实验用水

生活污水，造纸、高炉煤气洗涤等工业废水或黏土配水。

## 四、主要实验设备和仪器

（1）沉降柱（图 2-3）：直径 200mm，工作有效水深 1500mm。

（2）真空抽滤装置或过滤装置。

（3）悬浮物定量分析所需设备，包括分析天平、带盖称量瓶、干燥器、烘箱等。

## 五、实验步骤

（1）将水样倒入搅拌桶中，用泵循环搅拌约 5min，使水样中悬浮物分布均匀。

（2）用泵将水样输入沉淀试验筒，在输入过程中，从筒中取样三次，每次

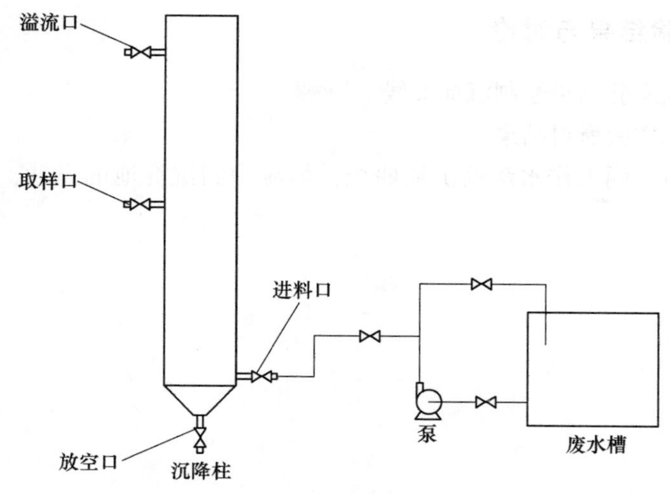


图 2-3　水静沉实验装置

约 50mL(取样后要准确记下水样体积)。此水样的悬浮物浓度即为实验水样的原始浓度 $c_0$。

(3) 当废水升到溢流口，溢流管流出水后，关紧沉淀试验筒底部的阀门，停泵，记下沉淀开始时间。

(4) 观察静置沉淀现象。

(5) 隔 5min、10min、20min、30min、45min、60min、90min，从试验筒中部取样两次，每次约 50mL（准确记下水样体积)。取水样前要先排出取样管中的积水约 10mL，取水样后测量工作水深的变化。

(6) 将每一种沉淀时间的两个水样作平行试验，用滤纸抽滤（滤纸应当是已在烘箱内烘干后称量过的)，过滤后，再把滤纸放入已准确称量的带盖称量瓶内，在 105~110℃烘箱内烘干后称量滤纸的增量即为水样中悬浮物的质量。

(7) 计算不同沉淀时间 $t$ 的水样中的悬浮物浓度 $c$，沉淀效率 $E$，以及相应的颗粒沉速 $u$，画出 $E-t$ 和 $E-u$ 的关系曲线。

数据处理：

(1) 悬浮物的浓度　$$c(\mathrm{mg/L}) = \frac{m_i - m}{v} \times 100$$

(2) 沉降效率　$$E = \frac{c_0 - c_i}{c_0} \times 100\%$$

(3) 沉降速度　$$u = \frac{h_i}{t_i}$$

## 六、实验结果与讨论

（1）根据实验结果绘制沉淀曲线。

（2）分析实验所得结果。

（3）分析不同工作水深的沉淀曲线，如应用到沉淀池的设计，需注意什么问题？

# 实验3 离子交换实验

## 一、实验意义和目的

离子交换法是处理电子、医药、化工等工业用水和处理有害金属离子的废水，回收废水中贵金属的普遍方法。它可以去除或交换水中溶解的无机盐，去除水中的硬度、碱度以及无离子水。在应用离子交换法进行水处理时，需要根据离子交换树脂的性能设计离子交换设备，决定交换设备的运行周期和再生处理。这既有理论计算问题，又有实验操作问题。

通过本实验，希望达到以下目的：

（1）掌握六价铬离子的测定方法；

（2）掌握离子交换容量的分析与计算；

（3）了解交换带的移动过程；

（4）掌握穿透曲线和再生曲线的绘制技术。

## 二、实验原理

离子交换以往主要应用于水的软化和脱盐，随着离子交换树脂品种的增多和实用技术的发展，离子交换在回收有用物质和处理工业废水中有害物质诸方面也得到了日益广泛的应用，并且出现了一些定型处理设备，为使用离子交换法处理工业废水提供了许多好的经验。

离子交换反应是在两相中进行的，它服从当量定律和质量作用定律，并且是可逆反应。离子交换法就是基于等当量交换和可逆反应进行交换和再生的。

阴、阳离子交换树脂在交换过程中的反应为：

$$2RH + Ca^{2+} \longrightarrow R_2Ca + 2H^+$$

$$ROH + HCO_3^- \longrightarrow RHCO_3 + OH^-$$

阴、阳离子在再生过程中的反应为：

$$R_2Ca + 2H^+ \longrightarrow 2RH + Ca^{2+}$$

$$RHCO_3 + OH^- \longrightarrow ROH + HCO_3^-$$

树脂的交换容量用来定量地表示树脂交换能力的大小，是树脂的重要性能指标。树脂的总交换容量一般用滴定法测定。工作交换容量只有总交换容量的60%~70%，它受树脂的再生程度、进水中离子的种类和浓度、交换终点的控制、树脂层高度及水流速度等因素影响。

当含一定浓度离子的原水自上而下地通过树脂层时，水中的离子首先和树脂表层进行交换，一旦该层饱和后，就不起交换作用了，交换层就转移到下一层树脂，这时树脂层就分为饱和区、交换区（交换带）和未交换区。在树脂层工作过程的每一瞬间，只有交换层起作用。随着交换带向下推移，交换区逐渐被压缩直至泄漏。

树脂层饱和后，需用酸、碱再生剂再生后才能恢复交换能力，树脂的再生效果与再生方式，再生剂的种类、浓度以及再生液流速等因素有关。

## 三、实验装置

### （一）离子交换实验装置

离子交换实验装置如图 3-1 所示。

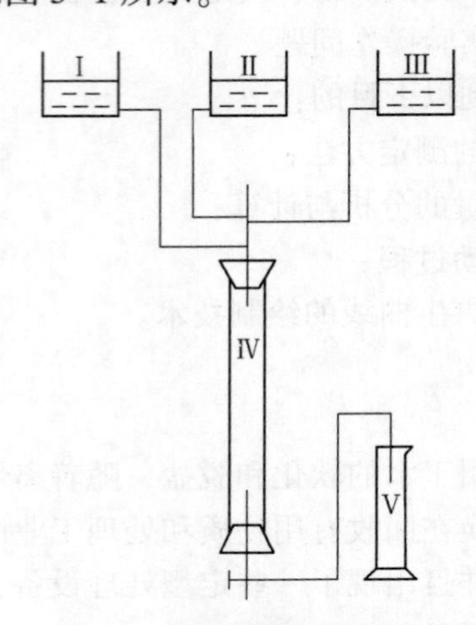


图 3-1 离子交换实验装置

Ⅰ—废水池；Ⅱ—去离子水池；Ⅲ—再生剂池；Ⅳ—离子交换柱；Ⅴ—收集筒

### （二）实验仪器

（1）天平；（2）酸度计；（3）电导仪；（4）容量瓶；（5）滴定管等。

## 四、实验步骤

### （一）穿透曲线的绘制

（1）把与处理好的一定质量的阴离子交换树脂（717 号）转入交换柱，脂层高度为 0. 15~0. 2m，计算离子树脂的体积。

（2）测定含铬废水的水质（$Cr^{6+}$的浓度、pH 值等）。

（3）把含铬废水注入废水池。

（4）打开进水阀，用转子流量计控制废水流量，使废水以 20~60L/(L 树脂·h) 的流速通过树脂层，用量筒计算出水体积。每收集 0. 05L 出水，取样测定六价铬的浓度。当交换带前沿就近出水口时，可改为每收集 0. 01L 或更少的出水体积，测定一次六价铬浓度。注意交换带的移动。

（5）绘制穿透曲线（$Cr^{6+}$的泄漏量-出水体积）并计算当六价铬的泄漏量为0.5mg/L时的工作交换容量。

（6）改变废水的滤速，重复上述步骤。

（7）根据所得的数据，绘制当六价铬的泄漏量为0.5mg/L时的滤速-出水体积的关系曲线。

（二）再生效率曲线的绘制

（1）用去离子水反冲洗树脂层，将树脂层中残留的含铬废水顶回废水池，直至出水无色为止。

（2）正向接通去离子水，调节出水阀使滤速为1～2L/(L树脂·h)，拆除去离子水线，使交换柱内液面降至树脂层顶部下1cm处，接通再生液线，使10%的氢氧化钠流入交换柱，注意观察出水颜色的变化，一旦出现黄色，立即用50mL量筒收集之。当再生液为0.1、0.3、0.5、0.7、1.0、1.3、1.5、1.7、2.0、2.5、3.0、4.0、5.0倍树脂体积时，测定再生液中六价铬的浓度。

（3）再生结束后，停止进碱，把交换柱内的碱全部排空收集。

（4）正洗树脂用水量：强碱阴树脂用水量为4～5倍树脂体积，时间15～20min。弱碱阴树脂用水量为6～7倍树脂体积，时间20～30min，正洗水带黄色部分收集于废水池。

（5）反冲洗，以10～30倍流速逆流反向进水，反冲洗树脂层，反冲洗水量：强碱阴树脂用水量为1倍树脂体积，时间3～5min，弱碱阴树脂用水量为2倍树脂体积，时间5～10min。

（6）落床待用。

（7）绘制再生效率曲线，即再生效率与再生剂用量（树脂体积的倍数）之间的关系曲线。

## 五、试验结果与讨论

（1）结合离子交换穿透曲线分析影响离子交换速度的因素。

（2）分析影响离子交换再生的因素。

（3）实验过程中产生含铬废水应如何处理？

# 实验4　加压溶气气浮实验

## 一、实验意义和目的

在水处理工程中，固-液分离是一种很重要的、常用的物理方法。气浮法是固液分离的方法之一，它常被用来分离密度小于或接近于水、难以用重力自然沉降法去除的悬浮颗粒。气浮法广泛应用于分离水中的细小悬浮物、藻类及微絮体，回收造纸废水的纸浆纤维，分离回收废水中的浮油和乳化油等。

通过本实验希望达到以下目的：

（1）了解压力溶气气浮法处理废水的工艺流程；

（2）了解溶气水回流比对处理效果的影响；

（3）掌握色度的测定方法。

## 二、气浮原理

气浮法是在水中通入空气，产生微细泡（有时还需要同时加入混凝剂），使水中细小的悬浮物黏附在气泡上，随气泡一起上浮到水面形成浮渣，再用刮渣机收集。这样，废水中的悬浮物质得到了去除，同时净化了水质。气浮分为射流气浮、叶轮气浮和压力溶气气浮。气浮法主要用于洗煤废水、含油废水、造纸和食品等废水的处理。

## 三、实验水样

自配模拟水样。

## 四、实验设备及工艺流程

气浮试验装置及工艺流程见图4-1。

## 五、实验步骤

（1）熟悉实验工艺流程。

（2）废水用6mol/L的NaOH溶液调至pH=8~9，在500mL的量筒内分别加入废水200mL、250mL、300mL、350mL、400mL。

（3）启动废水泵，将混凝池和气浮池注满水。

（4）启动空气压缩机，待气泵内有一定压力时开启清水泵，同时向加压溶气罐内注水、进气，打开溶气罐的出水阀。

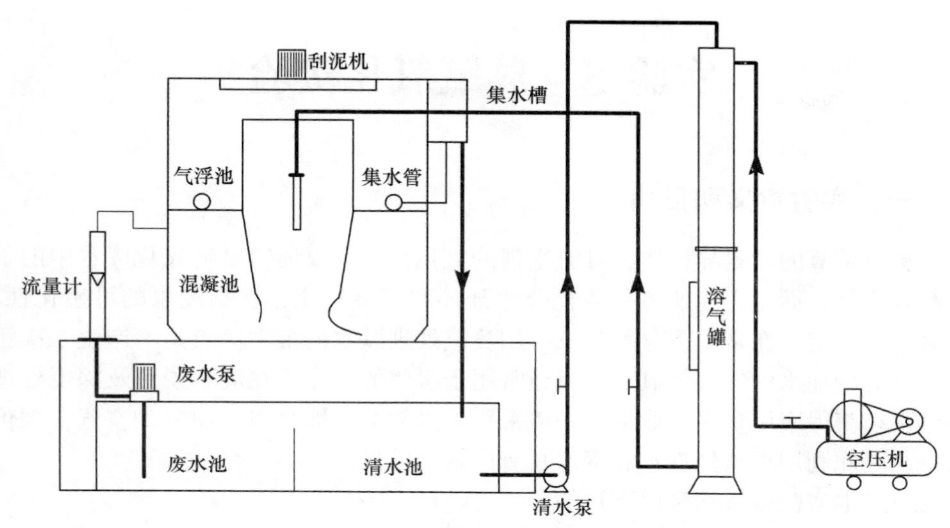


图 4-1　气浮试验装置及工艺流程

（5）迅速调节进水量使溶气罐内的水位保持在液位计的 2/3 处，压力为 0.3~0.4MPa。如进气量过大，液位基本保持稳定，直到释放器释放出含有大量微气泡的乳白色的溶气水。观察实验现象。

（6）向各水样加入混凝剂，使其浓度为 250~350mg/L，并搅拌均匀。

（7）从溶气罐取样口向各水样中注入溶气水，使最终体积为 500mL。静置 20~30min，取样测定色度。实验数据填入表 4-1。

（8）根据实验数据绘制色度去除率与回流比之间的关系曲线。

**表 4-1　加压溶气气浮实验记录**

| 废水体积/mL | | 0 | 200 | 250 | 300 | 350 | 400 | 450 | 备注 |
|---|---|---|---|---|---|---|---|---|---|
| 溶气水体积/mL | | | | | | | | | |
| 回流比 | | | | | | | | | |
| 气浮时间/min | | | | | | | | | |
| 色度 | 原水 | | | | | | | | |
| | 出水 | | | | | | | | |
| 色度去除率/% | | | | | | | | | |

## 六、实验讨论

（1）应用已掌握的知识分析取得释气量测定结果的正确性。

（2）试述工作压力对溶气效率的影响。

（3）拟定一个测定气固比与工作压力之间关系的实验方案。

# 实验5　臭氧氧化实验

## 一、实验意义和目的

臭氧是氧的同素异构体，具有很强的氧化性，不仅能容易地氧化废水中的不饱和有机物，而且还能使芳香族化合物开环和部分氧化，提高废水的可生化性。臭氧极不稳定，在常温下分解为氧。用臭氧处理废水的最大优点是不产生二次污染，且能增加水中的溶解氧，臭氧通常用于水体的消毒，在废水脱色及深度处理中也逐渐获得应用。在工业上，一般采用无声放电制取臭氧，原料为空气，廉价易得。因此利用臭氧处理水和废水具有广阔的前景。

通过本实验希望达到以下目的：

（1）了解臭氧发生器的构造、原理和使用方法；

（2）掌握臭氧浓度、苯酚浓度的测定方法；

（3）通过对含酚废水的处理，了解臭氧处理工业废水的基本过程。

## 二、实验装置

臭氧氧化实验工艺流程图见图5-1。

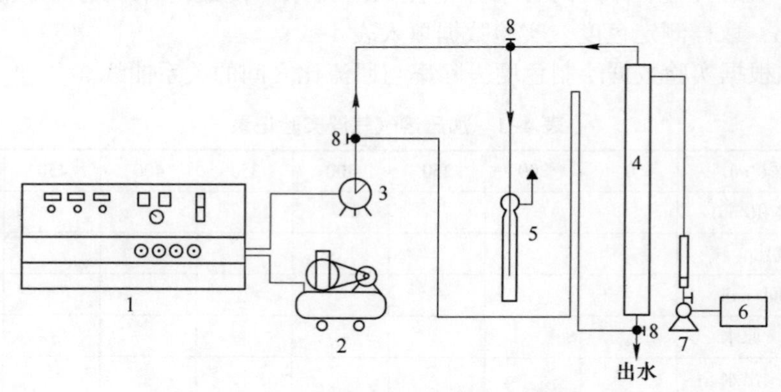


图5-1　臭氧氧化实验工艺流程图

1—臭氧发生器；2—空气压缩机；3—湿式气体流量计；4—反应柱；5—KI吸收瓶；6—废水池；7—塑料离心泵；8—三通阀

## 三、实验水样

含酚废水。

## 四、实验步骤

（1）熟悉实验工艺流程；打开反应柱进样阀，启动水泵，用转子流量计控制一定的流量，将含酚废水注入反应柱，当进水达到预定体积时，停泵，关闭进水阀。

（2）启动臭氧发生器（电压表示值150V，气体流量75L/h），待工作稳定后（约5min），将臭氧化空气通入反应柱，通入的臭氧化空气体积由湿式气体流量计计算。

（3）当通入的臭氧化空气的体积为0L、5L、10L、15L、20L、25L、30L、35L时，相应地从反应柱取样口取样125mL（取样前应排除取样管中的积液）测定酚的含量，同时从吸收瓶中取样测定尾气中臭氧的浓度。

（4）从臭氧发生器取样口取样测定臭氧化空气中臭氧的浓度。

因在实验过程中，臭氧的浓度随实验条件的变化而变化，所以我们在实验步骤（4）取样完毕后，据实验步骤（5）取样，计算臭氧浓度并作为臭氧的平均浓度。

（5）将实验数据填入表5-1。

**表5-1　臭氧氧化实验数据**

| 臭氧化空气的投加量/L | 0 | 5 | 10 | 15 | 20 | 25 | 30 | 35 |
|---|---|---|---|---|---|---|---|---|
| 硫代硫酸钠的消耗量/mL | | | | | | | | |
| 出水中酚的浓度/$mg \cdot L^{-1}$ | | | | | | | | |
| 酚的去除率/% | | | | | | | | |
| 尾气中的臭氧浓度/$mg \cdot L^{-1}$ | | | | | | | | |
| 臭氧的利用率/% | | | | | | | | |
| 臭氧的浓度/$mg \cdot L^{-1}$ | | | | | | | | |
| 臭氧的投加量/mg | | | | | | | | |

（6）根据实验数据绘制苯酚的去除率-臭氧投加量的工作曲线。

（7）绘制臭氧利用率-臭氧投加量的工作曲线。

（8）改变废水流量，可绘制去除率-停留时间的关系曲线，关闭臭氧发生器。

## 五、问题与讨论

（1）综上实验所得数据，对臭氧脱酚工艺作出评价。

（2）臭氧氧化处理含酚废水的原理是什么？

（3）为什么要进行尾气处理？如何处理？

# 实验6　活性污泥评价指标实验

## 一、实验意义和目的

在废水生物处理中，活性污泥法是很重要的一种处理方法，也是城市污水处理厂最广泛使用的方法。活性污泥法是指在人工供氧的条件下，通过悬浮在曝气池中的活性污泥与废水的接触，以去除废水中有机物或某种特定物质的处理方法。在这里，活性污泥是废水净化的主体。所谓活性污泥，是指充满了大量微生物及有机物和无机物的絮状泥粒。它具有很大的表面积和强烈的吸附和氧化能力，沉降性能良好。活性污泥生长的好坏，与其所处的环境因素有关，而活性污泥性能的好坏，又直接关系到废水中污染物的去除效果。为此，水质净化厂的工作人员经常要通过观察和测定活性污泥的组成和絮凝、沉降性能，以便及时了解曝气池中活性污泥的工作状况，从而预测处理出水的好坏。

本实验的目的：

（1）了解评价活性污泥性能的四项指标及其相互关系；

（2）掌握SV、SVI、MLSS、MLVSS的测定和计算方法。

## 二、实验原理

活性污泥的评价指标一般有生物相、混合液悬浮固体浓度（MLSS）、混合液挥发性悬浮固体浓度（MLVSS）、污泥沉降比（SV）、污泥体积指数（SVI）和污泥龄（$\theta_C$）等。

混合液悬浮固体浓度（MLSS）又称混合液污泥浓度。它表示曝气池单位容积混合液内所含活性污泥固体物的总质量，由活性细胞（$M_a$），内源呼吸残留的不可生物降解的有机物（$M_e$）、入流水中生物不可降解的有机物（$M_i$）和入流水中的无机物（$M_{ii}$）4部分组成。混合液挥发性悬浮固体浓度（MLVSS）表示混合液活性污泥中有机性固体物质部分的浓度，即由MLSS中的前三项组成。活性污泥净化废水靠的是活性细胞（$M_a$），当MLSS一定时，$M_a$越高，表明污泥的活性越好，反之越差。MLVSS不包括无机部分（$M_{ii}$），所以用其来表示活性污泥的活性数量上比MLSS为好，但它还不真正代表活性污泥微生物（$M_a$）的量。这两项指标虽然在代表混合液生物量方面不够精确，但测定方法简单易行，也能够在一定程度上表示相对的生物量，因此广泛用于活性污泥处理系统的设计、运行。对于生活污水和以生活污水为主体的城市污水，MLVSS与MLSS的比值在0.75左右。

性能良好的活性污泥，除了具有去除有机物的能力以外，还应有好的絮凝沉降性能。这是发育正常的活性污泥所应具有的特性之一，也是二沉池正常工作的前提和出水达标的保证。活性污泥的絮凝沉降性能，可用污泥沉降比（SV）和污泥体积指数（SVI）这两项指标来加以评价。污泥沉降比是指曝气池混合液在100mL筒中沉淀30min，污泥体积与混合液体积之比，用百分数（%）表示。活性污泥混合液经30min沉淀后，沉淀污泥可接近最大密度，因此可用30min作为测定污泥沉降性能的依据。一般生活污水和城市污水的SV为15%～30%。污泥体积指数（SVI）是指曝气池混合液经30min沉淀后，每克干污泥所形成的沉淀污泥所占有的容积，以mL计，即mL/g，但习惯上把单位略去。SVI的计算式为：

$$\mathrm{SVI}=\frac{\mathrm{SV}}{\mathrm{MLSS}}$$

在一定的污泥量下，SVI反映了活性污泥的凝聚沉淀性能。如SVI较高，表示SV较大，污泥沉降性能较差；如SVI较小，污泥颗粒密实，污泥老化，沉降性能好。但如SVI过低，则污泥矿化程度高，活性及吸附性都较差。一般来说，当SVI<100时，污泥沉降性能良好；当SVI=100～200时，沉降性能一般；而当SVI>200时，沉降性能较差，污泥易膨胀。一般城市污水的SVI在100左右。

## 三、实验装置与设备

（1）曝气设备充氧能力实验装置（图6-1）：1套；（2）电子分析天平：1台；（3）烘箱：1台；（4）马弗炉：1台；（5）量筒：100mL，1只；（6）三角烧瓶：250mL，1只；（7）短柄漏斗：1只；（8）称量瓶：$\phi$40mm×70mm，1只；（9）瓷坩埚：30mL，1只；（10）干燥器：1台。

## 四、实验步骤

（1）将$\phi$12.5cm的定量中速滤纸折好并放入已编号的称量瓶中，在103～105℃的烘箱中烘2h，取出称量瓶，放入干燥器中冷却30min，在电子天平上称重，记下称量瓶编号和质量$m_1$(g)。

（2）将已编号的瓷坩埚放入马弗炉中，在600℃温度下灼烧30min，取出瓷坩埚，放入干燥器中冷却30min，在电子天平上称重，记下坩埚编号和质量$m_2$(g)。

（3）用100mL量筒量取曝气池混合液100mL($V_1$)，静置沉淀30min，观察活性污泥在量筒中的沉降现象，到时记录下沉淀污泥的体积$V_2$(mL)。

（4）从已知编号和称重的称量瓶中取出滤纸，放置到已插在250mL三角烧瓶上的玻璃漏斗中，取100mL曝气池混合液慢慢倒入漏斗过滤。

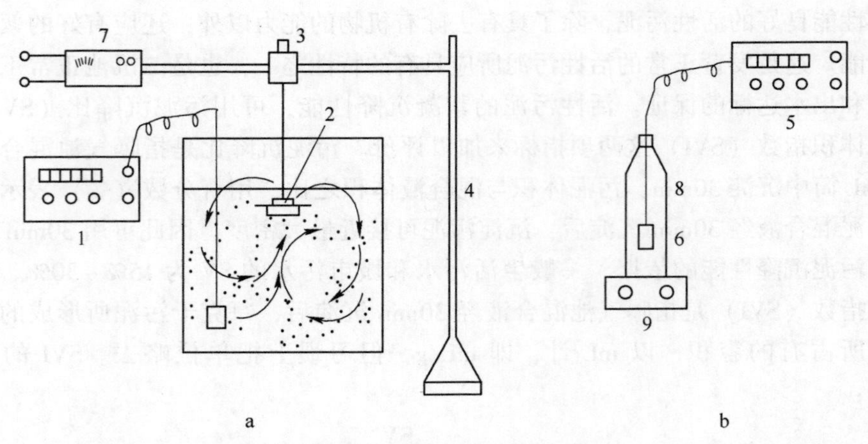


图 6-1　曝气设备充氧能力实验装置

a—实验装置简图；b—测呼吸速率实验设备示意图

1—模型曝气池；2—泵型叶轮；3—电动机；4—电动机支架；5—溶解氧仪；

6—溶解氧探头；7—稳压电源；8—广口瓶；9—电磁搅拌器

（5）将过滤后的污泥连滤纸放入原称量瓶中，在 103～105℃的烘箱中烘 2h，取出称量瓶，放入干燥器中冷却 30min，在电子天平上称重，记下称量瓶编号和质量 $m_3$(g)。

（6）取出称量瓶中已烘干的污泥和滤纸，放入已编号和称重的瓷坩埚中，在 600℃温度下灼烧 30min，取出瓷坩埚，放入干燥器中冷却 30min，在电子天平上称重，记下瓷坩埚编号和质量 $m_4$(g)。

## 五、实验数据整理

（1）实验数据记录：参考表 6-1 记录实验数据。

**表 6-1　活性污泥评价指标实验记录表**

实验日期：________

| 编号 | 称量瓶质量/g | | | 瓷坩埚质量/g | | | | 挥发分质量/g |
|---|---|---|---|---|---|---|---|---|
| | $m_1$ | $m_3$ | $m_3-m_1$ | 编号 | $m_2$ | $m_4$ | $m_4-m_2$ | $(m_3-m_1)-(m_4-m_2)$ |
| | | | | | | | | |
| | | | | | | | | |
| | | | | | | | | |

（2）污泥沉降比计算：

$$SV = \frac{V_2}{V_1} \times 100\%$$

（3）混合液悬浮固体浓度（g/L）计算：

$$MLSS = \frac{(m_3 - m_1) \times 1000}{V_1}$$

（4）污泥体积指数（mL/g）计算：

$$SVI = \frac{SV}{MLSS}$$

（5）混合液挥发性悬浮固体浓度（g/L）计算：

$$MLVSS = \frac{(m_3 - m_1) - (m_4 - m_2)}{V_1 \times 10^{-3}}$$

## 六、实验结果与讨论

（1）测污泥沉降比时，为什么要规定静置沉淀30min？

（2）污泥体积指数SVI的倒数表示什么？为什么可以这么说？

（3）当曝气池中MLSS一定时，如发现SVI大于200，应采用什么措施？为什么？

（4）对于城市污水来说，SVI大于200或小于50各说明什么问题？

# 实验7　空气扩散系统中氧的总转移系数的测定

## 一、实验目的

（1）掌握空气扩散系统中氧的总转移系数的测定方法；
（2）加深对双膜理论机理的认识及其影响因素。

## 二、实验原理

氧向液体的转移是污水生物处理的重要过程。空气中的氧向水中转移，通常以双膜理论作为理论基础。双膜理论认为，当气液两相作相对运动时，其接触界面两侧分别存在气膜和液膜。气膜和液膜均属层流，氧的转移就是在气液双膜进行分子扩散和在膜外进行对流扩散的过程。由于对流扩散的阻力小得多，因此传质的阻力主要集中在双膜上。在气膜中存在着氧的分压梯度，在液膜中存在着氧的浓度梯度，这就是氧转移的推动力。对于难溶解的氧来说转移的决定性阻力又集中在液膜上，因此通过液膜是氧转移过程的限制步骤，通过液膜的转移速率便是氧扩散转移全过程的控制速度。氧向液体的转移速率可由下式表达：

$$\frac{d_c}{d_t} = K_{La}(C_s - C)$$

式中，$C_s$ 为氧的饱和浓度，mg/L；$C$ 为氧的实际浓度，mg/L；$K_{La}$ 为氧的总转移系数，$h^{-1}$。

积分得：

$$\lg\left(\frac{C_s - C_0}{C_s - C}\right) = \frac{K_{La}}{2.3}t$$

式中，$C_0$ 为 $t=0$ 时液体溶解氧浓度，mg/L。

## 三、实验装置和试剂

### （一）实验装置

实验装置包括玻璃水槽、电动搅拌器、温度控制仪、曝气装置、溶解氧瓶，实验装置见图7-1。

### （二）实验试剂

（1）$Na_2SO_3$ 饱和溶液；（2）1%的 $CoCl_2 \cdot 6H_2O$ 溶液；（3）0.1mol/L 碘溶液；（4）0.025mol/L $Na_2S_2O_3$。

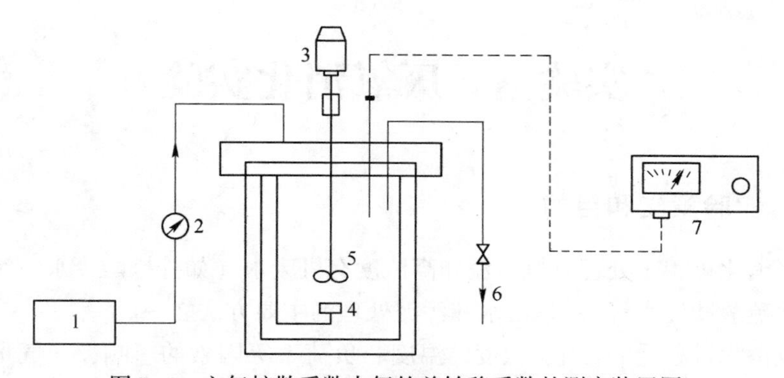


图7-1　空气扩散系数中氧的总转移系数的测定装置图

1—空压机；2—温式流量计；3—电机；4—扩散器；5—反应器；6—取样管；7—7151DM型控温

## 四、实验步骤

（1）缸内注满清水。

（2）调整温度，本试验采用15℃、20℃、25℃、30℃。根据测定实验温度，开动搅拌器和控温仪，使水温稳定于实验要求的温度。

（3）打开空气压缩机，调整空气流量，调到1～1.5L/min，调好后关空压机。

（4）加入$Na_2SO_3$和$CoCl_2 \cdot 6H_2O$溶液：加入8mL $Na_2SO_3$和12mL $CoCl_2 \cdot 6H_2O$，在加上述溶液后轻轻用玻璃棒搅拌均匀，观察清水中的氧是否脱除，当其中的氧被脱除（DO=0）后开始下步实验。并注意取样方法。

（5）打开空气压缩机开始试验：在空压机开始时要记下空气量，先记下湿式气体流量计的读数，然后开始取样，取样时间为2min、4min、6min、8min、10min、12min、14min，这样便可测定出不同时间的溶解氧量。

## 五、实验结果及计算

（1）根据实验数据，计算氧的总转移系数$K_{La}$。

（2）分析影响氧的总转移系数大小的因素有哪些。

# 实验 8　厌氧消化实验

## 一、实验意义和目的

厌氧消化可用于处理有机污泥和高浓度有机废水（如柠檬酸废水、制浆造纸废水、含硫酸盐废水等），是污水和污泥处理的主要方法之一。

厌氧消化过程受 pH 值、碱度、温度、负荷率等因素的影响，产气量与操作条件、污染物种类有关。进行消化设计前，一般都要经过实验室试验来确定该废水是否适于消化处理，能降解到什么程度，消化池可能承受的负荷以及产气量等有关设计参数。因此，掌握厌氧消化实验方法是很重要的。

通过本实验希望达到以下目的：

（1）掌握厌氧消化实验方法；

（2）了解厌氧消化过程 pH 值、碱度、产气量、COD 去除等的变化情况，加深对厌氧消化的影响；

（3）掌握 pH 值、COD 的测定方法。

## 二、实验原理

厌氧消化过程是在无氧条件下，利用兼性细菌和专性厌氧细菌来降解有机物的处理过程，其终点产物和好氧处理不同：碳素大部分转化成甲烷，氮素转化成氨和氮，硫素转化为硫化氢，中间产物除同化合成为细菌物质外，还合成为复杂而稳定的腐殖质。

厌氧消化过程可分为四个阶段：（1）水解阶段。高分子有机物在胞外酶作用下进行水解，被分解为小分子有机物。（2）消化阶段（发酵阶段）。小分子有机物在产酸菌的作用下转变成挥发性脂肪酸（VFA）、醇类、乳酸等简单有机物。（3）产乙酸阶段。上述产物被进一步转化为乙酸、$H_2$、碳酸及新细胞物质。（4）产甲烷阶段。乙酸、$H_2$、碳酸、甲酸和甲醇等在产甲烷菌作用下被转化为甲烷、二氧化碳和新细胞物质。由于甲烷菌繁殖速度慢，世代周期长，所以这一反应步骤控制了整个厌氧消化过程。

## 三、实验设备和材料

### （一）实验设备

（1）厌氧消化装置（见图 8-1）：消化瓶的瓶塞，出气管以及接头处都必须密闭，防止漏气，否则会影响微生物的生长和所产沼气的收集。

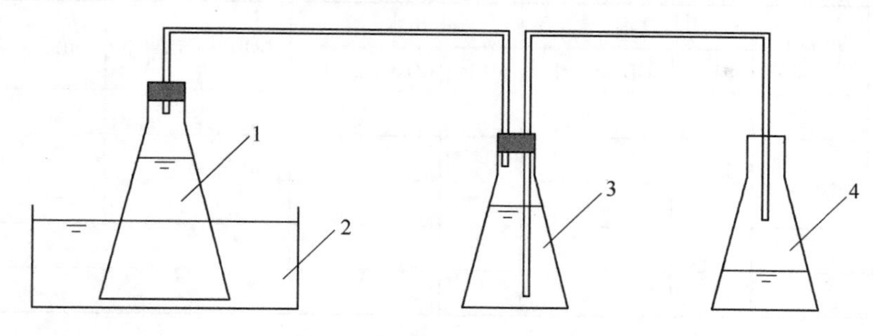


图 8-1　厌氧消化实验装置

1—消化瓶；2—恒温水浴箱；3—集气瓶；4—计量瓶

（2）恒温水浴槽。

（3）COD 测定装置。

（4）酸度计。

（二）实验材料

（1）已培养驯化好的厌氧污泥。

（2）模拟工业废水（本实验采用人工配制的甲醇废水）。

## 四、实验步骤

（1）配置甲醇废水 400mL 备用。甲醇废水配比如下：甲醇 2%、乙醇 0.2%、$NH_4Cl$ 0.05%、甲酸钠 0.5%、$KH_2PO_4$ 0.025%、pH=7.0~7.5。

（2）消化瓶内有驯养好的消化污泥混合液 400mL，从消化瓶中倒出 50mL 消化液。

（3）加入 50mL 配置的人工废水，摇匀后盖紧瓶塞，将硝化瓶放进恒温水浴槽中，控制温度在 35℃左右。

（4）每隔 2h 摇动一次，并记录产气量，共记录 5 次，填入表 8-1 中。产气量的计量采用排水集气法。

表 8-1　沼气产量记录表

| 时间/h | 0 | 2 | 4 | 6 | 8 | 10 | 2h 总产气量 |
|---|---|---|---|---|---|---|---|
| 沼气产量/mL | | | | | | | |

（5）24h 后取样分析出水 pH 值和 COD，同时分析进水时的 pH 值和 COD，填入表 8-2 中。

表 8-2　厌氧消化反应实验记录表

| 日期 | 投配率 | 进水 | | 出水 | | COD 去除率/% | 沼气产量/mL |
|---|---|---|---|---|---|---|---|
| | | pH 值 | COD/mg · $L^{-1}$ | pH 值 | COD/mg · $L^{-1}$ | | |
| | | | | | | | |
| | | | | | | | |
| | | | | | | | |
| | | | | | | | |
| | | | | | | | |

## 五、实验结果讨论

（1）绘制一天内沼气产率的变化曲线，并分析其原因。

（2）绘制消化瓶稳定运行后沼气产率曲线和 COD 去除曲线。

（3）分析哪些因素会对厌氧消化产生影响，如何使厌氧消化顺利进行。

# 实验 9　湿地植物吸收水中硝氮能力比较分析

## 一、实验意义和目的

目前，封闭性水域的富营养化问题已相当严重。水中的 $NO_3^-$ 含量是水环境富营养化的主要表现形式之一。不同植物对 $NO_3^-$ 的吸收能力不同，本次测定经过不同湿地植物生长吸收后的水样，可以判断 $NO_3^-$ 植物吸收的种间差异。

## 二、实验方法原理

利用硝酸根离子在 220nm 波长处的吸收而定量测定硝酸盐氮。溶解的有机物在 220nm 处也会有吸收，而硝酸根离子在 275nm 处没有吸收。因此，在 275nm 处作为另一次测量以校正硝酸盐氮值。

## 三、主要仪器设备

烧杯，天平，电炉，容量瓶，移液枪，紫外分光光度计，石英比色杯，磁力搅拌器，比色管，烘箱，移液管。

## 四、试剂

（1）1mol/L HCl。

（2）硝酸盐标准储备溶液：称取 0.7218g 经 110℃干燥过的优级纯硝酸钾溶于水中，移入 1000mL 容量瓶中，稀释至标线。此溶液每毫升含 0.1mg 硝态氮。

（3）硝酸盐标准使用溶液：移取 10.00mL 硝酸盐标准储备液于 100mL 容量瓶中，用水稀释至标线。此溶液每毫升含 0.01mg 氨氮。

## 五、操作步骤

### （一）标准曲线的绘制

（1）吸取 0mL、2mL、8mL、16mL 硝酸盐标准使用液于 25mL 比色管中，加水至标线，加 0.5mL 1mol/L HCl，混匀，放置 10min 在波长 220nm 和 275nm 处测定溶液的吸光值，以无氨水做参比。

（2）绘制标准曲线。

### （二）水样的测定

（1）取 10mL 水样于 25mL 比色管中，稀释至标线，0.5mL 1mol/L HCl，混匀。

（2）放置 10min 后，以无氨水作为对照，测量吸光度。

（3）计算水体中硝态氮的浓度。

## 六、结果计算

（1）$NO_3^-$ 标准溶液的吸光度记录（表 9-1）。

**表 9-1　$NO_3^-$ 标准溶液的吸光度记录表**

| $NO_3^-$ 标准液吸取量/mL | 0 | 2 | 8 | 16 |
|---|---|---|---|---|
| $NO_3^-$ 含量/$\mu g \cdot mL^{-1}$ | 0 | 0.8 | 3.2 | 6.4 |
| 实测 $A$（吸光度） | | | | |

（2）根据标准曲线计算水中 $NO_3^-$ 含量。由水样测得的吸光度减去空白试验的吸光度后，根据标准曲线计算水中 $NO_3^-$ 含量（μg/mL）：

$$硝氮含量 = (a + bx) \times \frac{V_2}{V_1}$$

式中，$a$、$b$ 为标准曲线系数；$x$ 为 N 的吸光度；$V_1$ 为取样体积，mL；$V_2$ 为稀释最终体积，mL。

（3）种间和梯度比较。

## 七、注意事项

在测定硝态氮的过程中，每次实验前必须先搞清楚实验过程和要求，做好充分的准备是顺利完成实验的前提和基础，否则只会事倍功半。$NO_3^-$ 在波长为 220nm 时有最大吸收峰。利用吸光光度法测定水体中的硝态氮时必须使用石英比色杯。比色杯使用多次后可能有物质积累不能刷洗干净，此时可以先测定不同比色杯之间的差异来校准。

# 实验 10　湿地植物吸收水中氨氮能力比较分析

## 一、实验意义和目的

目前，封闭性水域的富营养化问题已相当严重。水中的 $NH_4^+$ 含量是水环境富营养化的主要表现形式之一。不同植物对 $NH_4^+$ 的吸收能力不同，本次测定经过不同植物生长吸收后的水样，可以判断 $NH_4^+$ 植物吸收的种间差异。

## 二、实验方法原理

氨氮以游离氨或铵盐的形式存在于水中，两者的组成取决于水中的 pH 值和水温。当 pH 值偏高时，游离氨的比例较高；反之，则铵盐的比例较高，水温则相反。水中氨的主要来源是生活污水中含氮有机物受微生物作用的分解产物。

我们在实验中采用了纳氏比色法。水中的氨氮能与纳氏试剂反应产生黄色物质，该物质在波长 420nm 时有最大吸收峰。因此，我们可以根据相应的吸光值来计算出水样中氨态氮的浓度。

## 三、主要仪器设备

烧杯，天平，电炉，容量瓶，移液枪，紫外分光光度计，比色杯，磁力搅拌器，比色管，烘箱，移液管。

## 四、试剂

(1) 称取 16g 氢氧化钠，溶于 50mL 水中，充分冷却至室温。另，称取 7g 碘化钾和 10g 碘化汞溶于水中，然后将此溶液在搅拌下徐徐注入氢氧化钠溶液中，用水稀释至 100mL，贮于聚乙烯瓶中，密塞保存。

(2) 酒石酸钾钠溶液：称取 25g 酒石酸钾钠（$KNaC_4H_4O_6 \cdot 4H_2O$）溶于 50mL 水中，加热煮沸去除氨，放冷，定容至 50mL。

(3) 铵标准储备溶液：称取 3. 819g 经 100℃ 干燥过的优级纯氯化氨溶于水中，移入 1000mL 容量瓶中，稀释至标线。此溶液每毫升含 1. 00mg 氨氮。

(4) 铵标准使用溶液：移取 5. 00mL 铵标准储备液于 500mL 容量瓶中，用水稀释至标线。此溶液每毫升含 0. 010mg 氨氮。

## 五、操作步骤

### (一) 标准曲线的绘制

(1) 吸取 0mL、1. 00mL、2. 50mL、5. 00mL 和 10. 0mL 铵标准使用液于

50mL 比色管中，加水至标线，加 1.0mL 酒石酸钾钠溶液，混匀。加 1.0mL 纳氏试剂，混匀。放置 10min 后，在波长 420nm 处，用光程 10mm 比色皿，以水为参比，测量吸光度。

（2）由测得吸光度，减去零浓度空白的吸光度，等于校正吸光度，绘制以铵氮（mg）对校正吸光度的校准曲线。

（二）水样的测定

（1）取 25mL 水样于 50mL 比色管中，稀释至标线，加 1mL 酒石酸钾钠溶液。

（2）再加 1mL 纳氏试剂，混匀。放置 15min 后，以无氨水作为对照，测量吸光度。

（3）计算水体中氨氮的浓度。

## 六、结果计算

（1）$NH_4^+$ 标准溶液的吸光度记录（表 10-1）。

**表 10-1　$NH_4^+$ 标准溶液的吸光度记录表**

| $NH_4^+$ 标准液吸取量/mL | 0 | 1.0 | 2.5 | 5.0 | 10.0 |
|---|---|---|---|---|---|
| $NH_4^+$ 含量/μg·mL$^{-1}$ | 0 | 0.2 | 0.5 | 1 | 2.0 |
| 实测 $A$（吸光度值） | | | | | |

（2）根据标准曲线计算水中 $NH_4^+$ 含量。由水样测得的吸光度减去空白试验的吸光度后，根据标准曲线计算水中 $NH_4^+$ 含量（μg/mL）：

$$氨氮含量 = (a + bx) \times \frac{V_2}{V_1}$$

式中，$a$、$b$ 为标准曲线系数；$x$ 为 N 的吸光度；$V_1$ 为取样体积，mL；$V_2$ 为稀释最终体积，mL。

（3）种间和梯度比较。

## 七、注意事项

（1）实验前必须做好充分的准备，包括试剂的检查以及仪器的准备和清洗等工作。实验前需要先烧好足够量的无氨水。

（2）测定吸光值时使用玻璃比色杯。

（3）实验过程中所用到的水均为无氨水，以防止氨污染。所用的比色管必须用无氨水冲洗过再使用。

# 实验 11　水中总磷含量与富营养化的关系

## 一、实验意义和目的

目前，水域的富营养化问题已相当严重。水中总磷的含量在很大程度上是决定水体富营养化的关键因子，人类活动是水中磷增加的重要原因。磷是评价水质的重要指标。水中的磷根据其存在形式可分为总磷、可溶性正磷酸盐和可溶性总磷酸盐。

用过硫酸盐氧化法测定水中磷含量，评价水体富营养化程度及人工湿地对 P 的去除能力。

## 二、实验方法原理

过硫酸盐氧化法可同时测定水中的总氮和总磷，方法简便快速，效率高，已成为常规的测定方法。

过硫酸盐在 60℃的水溶液中可水解成 $H^+$ 和 $O_2$，即 $2K_2S_2O_8+2H_2O \rightarrow 4KHSO_4+O_2$。将 1mol 的 $K_2S_2O_8$ 中加入 1mol NaOH，反应开始呈碱性（初始 pH 值为 12. 57），可将水中的氮氧化为硝酸盐。由于氧化反应生成大量的 $H^+$，反应后的溶液呈酸性（pH 值为 2. 12），可将磷氧化为磷酸盐。因此水中的总氮、总磷可在一种氧化剂中依次完成氧化，氧化液经分光光度计比色，可快速测得总氮、总磷，效率高于以往的凯氏法。

为了减少 N、P 两指标在测定时相互影响，用同样方法分开测定。

P 的测定有多种比色法，我们选用磷钼蓝比色法。在酸性条件下，正磷酸盐与钼酸铵、酒石酸锑氧钾反应，生成磷钼杂多酸，被还原剂抗坏血酸还原，则变成蓝色配合物，通常称磷钼蓝。

## 三、主要仪器设备

分光光度计，移液管，自动高压灭菌锅，具塞比色管，分析天平，容量瓶，硫酸纸，棕色玻璃瓶。

## 四、试剂

所有试剂均用分析纯级，用去离子超纯水配制。

（1）氧化剂溶液：5%过硫酸钾溶液，称取 5g 过硫酸钾，溶于 100mL 水中。

（2）磷酸盐储备液：将磷酸二氢钾经 105～110℃干燥 2h，在干燥器中放冷，用万分之一分析天平称取 0.2197g 用水溶解后，移入 1000mL 容量瓶中。加入 1：1的硫酸溶液 5mL，再用水稀释至 1000mL，此溶液为 50μg/mL 的磷酸盐储备液。

（3）磷酸盐标准液：吸取 10.00mL 磷酸盐储备液溶于 250mL 容量瓶中，用水稀释至标线。此溶液每毫升含 2.00μg 磷。临用时现配。

（4）（1+1）硫酸：量取 150mL 浓硫酸，缓缓加到 150mL 蒸馏水中，不断搅拌，冷却。

（5）钼酸铵盐溶液：取钼酸铵 13g 溶于 100mL 容量瓶中，加蒸馏水定容至 100mL。将 0.35g 酒石酸锑钾溶于 100mL 容量瓶中，加蒸馏水定容至 100mL。

将钼酸铵溶液徐徐加到 300mL（1+1）硫酸中，加酒石酸锑氧钾溶液并混合均匀，储存在棕色玻璃瓶中 4℃保存（此溶液不稳定，宜在使用前配制）。

（6）10%的抗坏血酸：10g 抗坏血酸溶于 100mL 容量瓶中，加蒸馏水定容至 100mL，储存在棕色玻璃瓶中 4℃保存（此溶液不稳定，宜在使用前配制）。

（7）酚酞指示剂：称取 0.5g 酚酞，溶于 50mL 95%的乙醇中，用水稀释至 100mL。

（8）氢氧化钠溶液（1mol/L）：将 40g 氢氧化钠溶于 500mL 水中，冷至室温，稀释至 1000mL。

（9）硫酸溶液（1mol/L）：取 800mL 水，并于不断搅拌下小心地加入 54mL 硫酸［$\rho(H_2SO_4)=1.84g/mL$］，冷至室温并稀释至 1000mL。

## 五、操作步骤

（1）校准曲线的绘制：取数支 50mL 具塞比色管，分别吸取磷酸盐标准液 0mL，0.50mL，1.00mL，3.00mL，5.00mL，10.0mL，15.0mL，再分别加入 4mL 氧化剂溶液摇匀后，加蒸馏水定容至 25mL，加盖摇匀，扎紧盖子，放入高压消毒器中，与水样的氧化同时进行。

（2）消解：吸取摇匀后的水样 25mL 于 50mL 比色管中，加入 4mL 氧化剂溶液，加盖后摇匀，扎紧盖子，以防跳出，放入高压消毒器，与标准系列同时在 120℃下高压氧化 30min，然后冷却至室温慢慢启盖，取出测定。

（3）pH 值的调节：分别向标准系列及氧化后的水样中加入 1 滴酚酞指示剂，滴加氢氧化钠溶液至刚呈微红色，再滴加 1mol/L 硫酸溶液使微红刚好退去。

（4）显色：分别向调过 pH 值的标准系列及氧化后的水样中加入 1mL 10%的抗坏血酸，混匀。30s 后加入 2mL 钼酸盐溶液，充分混匀后，放置 15min。

（5）总磷的测定：用 10mm 或 30mm 比色皿，于 700nm 波长处，以零浓度溶液为参比，测量吸光度，记录读数。

## 六、结果计算

（1）P 标准溶液的吸光度记录（表 11-1）。

**表 11-1　P 标准溶液的吸光度记录表**

| P 标准液吸取量/mL | 0 | 0.50 | 1.00 | 3.00 | 5.00 | 10.0 | 15.0 |
|---|---|---|---|---|---|---|---|
| P 含量/$\mu g \cdot mL^{-1}$ | 0.00 | 0.02 | 0.04 | 0.12 | 0.20 | 0.40 | 0.60 |
| 实测 $A$(吸光度值) | | | | | | | |

（2）根据标准曲线计算水中 P 含量（mg/L）：

$$TP = a + bx$$

式中，$a$、$b$ 为标准曲线系数；$x$ 为 P 的吸光度。

根据测定结果，讨论水中 P 含量状况与其他水质参数，以及净化工程对 P 的去除效果。

## 七、注意事项

（1）取得的水样品测总 P 需在水样采集后，加硫酸酸化至 pH 值不大于 1 保存。溶解性正磷酸盐的测定，不加任何保存剂，于 2~5℃冷处保存，在 24h 内进行分析。

（2）若采样时水样用酸固定，则用过硫酸钾消解前将水样调至中性。若不用酸保存，则消解前不用调 pH 值，但是两种情况都要在消解后调 pH 值。

（3）一般压力锅在加热至顶压阀出气孔冒气时，锅内温度约为 120℃。消解时，应注意压力锅的使用方法。氧化温度在 120~126℃之间，保证氧化完全，至少 30min。

（4）移液管取样或取标准液使用时从低浓度用到高浓度，比色皿也如此，标准曲线尤其注意。

（5）移液管使用前要用蒸馏水清洗，用待取溶液润洗 2~3 次。

（6）使用比色皿每次测定吸光值时，也要清洗和润洗，加入标准液或水样后，最后先用普通纸吸收多余水后，再用擦镜纸将光面擦干至透明即可（倒溶液时沿角倒不易撒出）。

# 实验 12　水中氮含量及存在形态对水质的影响

## 一、实验意义和目的

目前，封闭性水域的富营养化问题已相当严重，引起人们的普遍重视。水中的总氮的含量在一定程度上能反映出水环境富营养化的情况，因此氮含量的测定已成为水研究中必不可少的内容。

N 在水中有 $NO_3^-$、$NO_2^-$、$NH_4^+$ 及有机氮等存在形式。各种形式对水的质量影响程度有差异，需要分别测定。

用过硫酸盐氧化法测定水中总氮（TN）含量，评价水体富营养化程度及人工湿地对 TN 的去除能力。

## 二、实验方法原理

过硫酸盐在 60℃的水溶液中可水解成 $H^+$ 和 $O_2$，即 $2K_2S_2O_8+2H_2O \rightarrow 4KHSO_4+O_2$。将 1mol 的 $K_2S_2O_8$ 中加入 1mol NaOH，反应开始呈碱性（初始 pH 值为 12.57），可将水中的氮氧化为硝酸盐。由于氧化反应生成大量的 $H^+$，反应后的溶液呈酸性（pH 值为 2.12），可将磷氧化为磷酸盐。因此水中的总氮可在一种氧化剂中依次完成氧化，氧化液经分光光度计比色，可快速测得总氮，效率高于以往的凯氏法。

$NO_3^-$ 加缓冲液后用 pH/电位测定仪测定，或用紫外分光光度计比色测定。

氨态氮加显色液用紫外/可见分光光度计比色测定。

## 三、主要仪器设备

751 分光光度计，移液管，自动高压灭菌锅，具塞比色管，分析天平，容量瓶，硫酸纸。

## 四、试剂

所有试剂均用分析纯级，用无氨水配制。

（1）氧化剂溶液：5%过硫酸钾溶液，称取 5g 过硫酸钾，溶于 100mL 水中。

（2）硝酸盐氮标准液：称取 0.7218g $KNO_3$（105℃烘干后称），溶解后定容至 1000mL，此溶液为 100μg/mL 的硝酸盐溶液。

## 五、操作步骤

（1）N 标准系列的配制：分别吸取 N 标准储备溶液 10mL 并用水稀释至

100mL，即可得到 10μg/mL 的 N 标准液。分别吸取 10μg/mL 的氮标准液 0mL，2.0mL，4.0mL，6.0mL，8.0mL，10.0mL，12.0mL 于 6 个 50mL 容量瓶中，加水定容摇匀后再分别吸取 20mL 于 50mL 比色管中，各加入 20mL 氧化剂溶液，加盖摇匀，放入高压消毒器中，与水样的氧化同时进行。

（2）吸取摇匀后的水样 20mL 于 50mL 比色管中，加入 20mL 氧化剂溶液，加盖后摇匀，扎紧盖子，以防跳出，放入高压消毒器，与标准系列同时在 120℃ 下高压氧化 30min，然后冷却至室温慢慢启盖，取出测定。

（3）总氮的测定：由于氧化后的水样及标准系列的 pH 值均在 2 左右，所以可以直接取出上清液（少数不清洁水样氧化后有少许沉淀），在波长 210nm 处，用 1cm 的石英比色皿在 751 型分光光度计上进行总氮的比色测定（用空白对照），记录读数。

## 六、结果计算

（1）N 标准溶液的吸光度记录（表 12-1）。

**表 12-1 N 标准溶液的吸光度记录表**

| N 标准液吸取量/mL | 0 | 2.0 | 4.0 | 6.0 | 8.0 | 10.0 | 12.0 |
|---|---|---|---|---|---|---|---|
| N 含量/$\mu g \cdot mL^{-1}$ | 0 | 0.4 | 0.8 | 1.2 | 1.6 | 2.0 | 2.4 |
| 实测 $A$(吸光度值) | | | | | | | |

（2）根据标准曲线计算水中 TN 含量（mg/L）：

$$TN = a + bx$$

式中，$a$、$b$ 为标准曲线系数；$x$ 为 N 的吸光度。

## 七、结果分析

分析各种形态 N 含量对水体的影响，查阅国标确定各种 N 含量是否达到了富营养化的浓度？

# 实验 13　人工湿地对污水中的 COD 去除效应分析

## 一、实验意义和目的

高锰酸盐指数，是指在酸性或碱性介质中，以高锰酸钾为氧化剂，处理水样时所消耗的量减去空白试验所消耗的标准体积之后的计算结果，以氧的 mg/L 来表示。水中的亚硝酸盐、亚铁盐、硫化物等还原性无机物和在此条件下可被氧化的有机物，均可消耗高锰酸钾。因此，高锰酸盐指数常被作为地表水体受有机物污染和还原性无机物污染程度的综合指标。本实验目的是验证人工湿地对污水中 COD 的去除效应。

## 二、实验方法原理

水样加入硫酸呈酸性后，加入一定量的高锰酸钾溶液，并在沸水浴中加热一定的时间。剩余的高锰酸钾，用草酸钠溶液还原并加入过量，再用高锰酸钾溶液回滴过量的草酸钠，通过计算求出高锰酸盐指数值。显然，高锰酸盐指数是一个相对的条件性指标，其测定结果与溶液的酸度、高锰酸盐浓度、加热温度和时间有关。因此，测定时必须严格遵守操作规定，使结果具可比性。

## 三、主要仪器设备

G-3 玻璃砂芯漏斗，容量瓶，棕色瓶，烘箱等。

## 四、试剂

（1）高锰酸钾储备液（0. 1mol/L）：称取 3. 2g 高锰酸钾溶于 1. 2L 水中，加热煮沸，使体积减少到约 1L，在暗处放置过夜，用 G-3 玻璃砂芯漏斗过滤后，滤液贮于棕色瓶中保存。

（2）高锰酸钾使用液（0. 1mol/L）：吸取一定量的上述高锰酸钾溶液，用水稀释至 1000mL，并调节至 0. 01mol/L 准确浓度，贮于棕色瓶中。使用当天应进行标定。

（3）（1+3）硫酸：配制时趁热滴加高锰酸钾溶液至呈微红色。

（4）草酸钠标准储备液（0. 1mol/L）：称取 0. 6705g 在 105~110℃烘干 1h 并冷却的优级纯草酸钠溶于水，移入 100mL 容量瓶中，用水稀释至标线。

（5）草酸钠标准作用液（0. 1mol/L）：吸取 10. 0mL 上述草酸钠溶液移入

100mL 容量瓶中，用水稀释至标线。

## 五、操作步骤

（1）分取 100mL 混匀水样于 250mL 锥形瓶中。

（2）加入 5mL(1+3) 硫酸，混匀。

（3）加入 10.00mL 0.01mol/L 高锰酸钾溶液，摇匀，立即放入沸水浴中加热 30min。沸水浴液要高于反应溶液的液面。

（4）取下锥形瓶，趁热加入 10.0mL 0.01mol/L 草酸钠标准溶液，摇匀。立即用 0.01mol/L 高锰酸钾溶液滴定至显微红色，记录其消耗量。

（5）高锰酸钾溶液浓度的标定：将上述已滴定完毕的溶液加热至约 70℃，准确加入 10.00mL 草酸钠标准溶液（0.0100mol/L），再用 0.01mol/L 高锰酸钾溶液滴定至显微红色。记录高锰酸钾溶液的消耗量，按下式求得高锰酸钾溶液的校正系数（$K$）。

$$K = \frac{10.00}{V} \tag{13-1}$$

式中，$V$ 为高锰酸钾溶液消耗量，mL。

## 六、结果计算

高锰酸盐指数（$I_{Mn}$）以每升样品消耗氧气的浓度（$O_2$，mg/L）来表示，按下式来计算（无论样品是否稀释，高锰酸盐指数均可按下式计算）：

$$I_{Mn} = \frac{(V_1 - V_0) \times c_2 \times 16 \times 1000}{V} \times K \tag{13-2}$$

式中　$V_1$——滴定样品消耗的高锰酸钾溶液体积，mL；

$V_0$——空白试验消耗的高锰酸钾溶液体积，mL；

$V$——样品体积，mL；

$K$——高锰酸钾溶液的校正系数；

$c_2$——草酸钠标准溶液的浓度，mol/L；

16——氧原子摩尔质量，g/mol；

1000——氧原子摩尔质量 g 转换为 mg 的变换系数。

式（13-2）中 $K$ 值的计算可用式（13-1）计算。

# 实验 14　人工湿地对污水中的 BOD 去除效应分析

## 一、实验意义和目的

生化需氧量是指在有氧条件下，水中有机物在被微生物分解的生物化学过程中所消耗的溶解氧量。水中有机污染物质越多，消耗水中的溶解氧亦越多，故生化需氧量是一种间接表示有机物污染程度的指标。本实验目的是验证人工湿地对污水中 BOD 的去除效应。

## 二、实验方法原理

微生物分解有机物的过程是一个缓慢的过程，若要完全完成这一过程，需要 20d 以上时间，一般采用 20℃培养 5d 所需要的氧作为生化需氧量的指标，简称为 $BOD_5$，以氧的 mg/L 表示。

取原水样或已适当稀释后的水样（其中含有足够的溶解氧能满足 20℃下 5d 生化的需要）分为两份。一份及时测定其中溶解氧的含量，另一份放入培养箱内，在 20℃±1℃培养 5d 后测定其剩余的溶解氧含量。前后两者溶解氧量之差值即为 $BOD_5$。

在实验测定时，对于溶解氧接近饱和的洁净天然水可以直接取样培养测定，而受污染的天然水则需预先适当稀释后再培养测定。水样稀释的目的是降低水样中有机物的浓度。另外，通过稀释，可以提高试样中的溶解氧（污染水样的溶解氧较少），使整个生化反应在有足够溶解氧的条件下进行。至于水样的稀释程度，是以经过 5d 培养后消耗的溶解氧不少量 2mg/L，试样中剩余的溶解氧不少于 1mg/L 为宜。为了保证在培养的试样中含有足够的溶解氧以供生化反应的需要，所用的稀释水其溶解氧要达到饱和。另外，稀释水中还应加入一定量的无机营养物质（钙、镁、铁、磷酸盐等）以满足微生物生长繁殖的需要。

## 三、主要仪器设备

恒温培养箱，溶解氧培养瓶（250mL），具磨口塞和供水封用的喇叭口的细口试剂瓶。

## 四、试剂

（1）无水碳酸钠（$Na_2CO_3$）。

（2）碘化钾（KI）。

（3）硫酸［$\rho(H_2SO_4) = 1.84g/mL$］。

（4）硫酸［$c(H_2SO_4) = 3mol/L$］。

（5）氯化钙溶液：称取27.5g无水氯化钙（$CaCl_2$）溶于蒸馏水中，并稀释至1000mL，摇匀。

（6）三氯化铁溶液：称取0.25g三氯化铁（$FeCl_3 \cdot 6H_2O$），溶于蒸馏水中并稀释至1000mL，摇匀。

（7）硫酸镁溶液：称取22.5g硫酸镁（$MgSO_4 \cdot 7H_2O$），溶于蒸馏水中并稀释至1000mL，摇匀。

（8）磷酸盐缓冲溶液（pH7.2）：称取8.5g磷酸二氢钾（$KH_2PO_4$）、21.75g磷酸氢二钾（$K_2HPO_4$）、33.4g磷酸氢二钠（$Na_2HPO_4 \cdot 7H_2O$）和1.7g氯化铵（$NH_4Cl$）溶于约500mL蒸馏水中，再稀释至1000mL，摇匀。

（9）重铬酸钾标准溶液（0.01mol/L）：称取0.4903g预先在150℃烘干2h的重铬酸钾（$K_2Cr_2O_7$，光谱纯），溶于蒸馏水中，移入1000mL容量瓶中，用蒸馏水稀释至刻度，摇匀。

（10）硫代硫酸钠标准滴定溶液：（0.01mol/L）：称取2.48g硫代硫酸钠（$Na_2S_2O_3 \cdot 5H_2O$，优级纯），溶于煮沸并冷却的蒸馏水中，加入0.2g无水碳酸钠（$Na_2CO_3$），待全部溶解后，用蒸馏水稀释至1000mL，摇匀。贮于棕色瓶中，准确浓度用重铬酸钾标准溶液标定。

标定：取三份20.0mL重铬酸钾标准溶液（$0.01mol/L^{-1}$）分别置于三个250mL具塞三角瓶中，加50mL蒸馏水，加5mL硫酸（3mol/L），加入1g碘化钾。于暗处放置5min。用硫代硫酸钠标准溶液滴定至浅黄色，加入1mL淀粉溶液（5g/L）继续滴定直至蓝色消失（终点显示三价铬离子的绿色）。

按下式计算硫代硫酸钠标准溶液的浓度：

$$c(Na_2S_2O_3) = \frac{c(K_2Cr_2O_7) \times V(K_2Cr_2O_7)}{V(Na_2S_2O_3)} \tag{14-1}$$

式中 $c(Na_2S_2O_3)$——硫代硫酸钠标准溶液的浓度，mol/L；

$c(K_2Cr_2O_7)$——重铬酸钾标准溶液的浓度，mol/L；

$V(K_2Cr_2O_7)$——吸取重铬酸钾标准溶液的体积，mL；

$V(Na_2S_2O_3)$——滴定重铬酸钾消耗硫代硫酸钠标准溶液的体积，mL。

（11）淀粉溶液（5g/L）：称取0.5g可溶性淀粉于烧杯中，加数滴蒸馏水将淀粉调成糊状，然后加入100mL沸水，搅拌使粉溶解。现用现配。

（12）稀释水：在1000mL蒸馏水（其溶解氧达饱和）中加入氯化钙溶液、三氯化铁溶液、硫酸镁溶液、磷酸盐缓冲溶液各1mL，摇匀。

注：所用的稀释水样要保持在20℃左右，冬季低于20℃时应预热，夏季高

于20℃时须冷却。

## 五、操作步骤

（1）水样的稀释。除了溶解氧接近饱和的洁净天然水无须稀释，可直接取样培养测定外，对于受污染的水样则需根据其有机物的含量进行适当的稀释。通常，对污染程度不了解的水样需要做3个或3个以上不同稀释倍数的培养测定，大致的参考稀释倍数可以从化学需氧量来求得。具体是将高锰酸钾法测得的化学需氧量（mg/L）除以4，所得的商即可作为此水样的参考稀释倍数。高锰酸钾法测得化学需氧量（COD）为10mg/L，除以4，得商为2.5，此值即为此水样的参考稀释倍数。取1份体积的水样，加1.5份体积的稀释水，使总体积为原来的2.5倍。然后，在这参考值的左右范围选定三个不同的稀释比。

（2）根据选定的水样稀释比，用虹吸法将所需体积的水样沿壁引入1000mL量筒中，再用虹吸法引入稀释水至1000mL，用一根特制的搅拌棒（一根粗玻璃棒，底端套上一块比量筒口径略小的带孔薄橡皮圆片）在液面以下缓慢上下搅匀。然后，用虹吸法将此试液分别引入两个溶解氧瓶（或具磨口塞的细口试剂瓶）至满溢，立即盖紧瓶塞。此时要注意瓶内不应留有气泡。

（3）用上述同样方法，制备另外两个不同稀释比的试样。

（4）每个不同稀释比的试样中各取一瓶加入溶解氧固定剂后测定当天的溶解氧：另各取一瓶放入培养箱内，在20℃±1℃培养5昼夜。在培养过程中须注意每天在溶解氧瓶的封口上加封口水（如用具磨口塞的细口试剂瓶，则应将瓶口倒转向下浸没在蒸馏水中，使瓶口与空气隔绝）。

（5）另取纯稀释水两瓶，一瓶测定当天的溶解氧，另一瓶随同试样一起，放在20℃±1℃的培养箱内培养5昼夜。

（6）培养5昼夜后，取出试样，测定剩余的溶解氧。

（7）溶解氧的测定：

1）水样的固定。打开水样瓶，加入1.0mL氯化锰溶液和1.0mL碱性碘化钾溶液（若水样中已加有这两种溶解氧固定剂则可以不用再加），塞紧瓶塞（瓶内不准有气泡），按住瓶盖将瓶上下颠倒不少于20次。样品固定后约1h或沉淀完全后，小心启开瓶塞。立即用移液管插入液面下加入1.5mL硫酸［$\rho(H_2SO_4)$=1.84g/mL］。迅速盖紧瓶塞，摇动水样，使沉淀完全溶解，摇匀。

2）吸取100mL试液于250mL三角瓶中，用硫代硫酸钠标准溶液滴定至试液呈浅黄色后，加入1mL淀粉溶液（5g/L）。此时试液应呈蓝色，继续用硫代硫酸钠标准溶液滴定至试液蓝色刚消失。记录硫代硫酸钠标准溶液的用量。

## 六、结果计算

（1）按公式（14-2）计算溶解氧的含量：

$$\rho(O_2) = \frac{CV_3 f_1 \times 8}{V} \times 1000 \tag{14-2}$$

$$f_1 = \frac{V_1}{V_1 - V_2} \tag{14-3}$$

式中　$\rho(O_2)$——水样中溶解氧的浓度，mg/L；

$V_1$——固定水样总体积（水样瓶的容积），mL；

$V_2$——采样时加入水样瓶内的溶解氧固定剂的体积，mL；

$V_3$——滴定所用去的硫代硫酸钠标准溶液体积，mL；

$C$——硫代硫酸钠标准溶液的浓度，mol/L；

$V$——滴定时所取固定水样的体积，mL。

（2）水样中生化需氧量（$BOD_5$）按公式（14-3）或公式（14-4）计算。

1）未经稀释而直接培养测定的水样：

$$\rho(BOD_5) = D_1 - D_2 \tag{14-4}$$

式中　$\rho(BOD_5)$——水样中生化需氧量（$BOD_5$）的含量，mg/L；

$D_1$——水样在培养前所含有的溶解氧，mg/L；

$D_2$——水样经 20℃±1℃ 培养 5d 后所剩余的溶解氧，mg/L。

2）经稀释后培养测定的水样：

$$\rho(BOD_5) = \frac{(D_1 - D_2) - (D_3 - D_4)}{1 - f} \tag{14-5}$$

式中　$D_3$——稀释水在培养前所含有的溶解氧，mg/L；

$D_4$——稀释水经 20℃±1℃ 培养 5d 后所剩余的溶解氧，mg/L；

$f$——稀释水在试液中所占的比例，如稀释水在试液中占 60%，则 $f=0.6$。

$BOD_5$ 的结果，选取在三个不同稀释比的培养试样中消耗溶解氧不少于 2mg/L，剩余溶解氧不少于 1mg/L 的一个为准。如果有两个或甚至三个不同稀释比的培养试样的测定结果均在此范围内，则取它们的平均值作为该水样的 $BOD_5$。如果三个不同稀释比的培养试样的测定结果都在此范围以外，则应重新调整稀释比后再培养测定。

（3）精密度和准确度。配制食用葡萄糖 6mg/L 的试样，按分析步骤进行 12 次测定，批内测得的 $BOD_5$ 平均值为 3.93mg/L，标准偏差为 0.11mg/L，相对标准偏差为 2.8%。

# 实验 15　模拟人工湿地对污水中铬的去除效应

## 一、实验意义和目的

随着工业的发展，铬及其化合物在工业上（如印染、电镀等）应用越来越多，含铬废水对土壤、水体环境的污染日趋严重，其中 Cr(Ⅵ) 为我国实施总量控制的主要污染物之一。与 $Cr^{3+}$ 相比，$Cr^{6+}$ 具有更强的致癌和致突变能力，即使在低浓度下也具有相当高的毒性，并能通过食物链的富集危害人类健康。因而，土壤、水体环境中铬污染的治理已迫在眉睫。本实验目的是验证模拟人工湿地对污水中铬的去除效应。

## 二、实验方法原理

在酸性溶液中，六价铬离子与二苯碳酰二肼反应，生成紫红色化合物，其最大吸收波长为 540nm，吸光度与浓度的关系符合比尔定律。如果测定总铬，需先用高锰酸钾将水样中的三价铬氧化为六价铬，再用本方法测定。

## 三、主要仪器设备

分光光度计，比色皿（1cm、3cm）、50mL 具塞比色管，移液管，容量瓶等。

## 四、试剂

（1）丙酮。

（2）（1+1）硫酸。

（3）（1+1）磷酸。

（4）0.2%(*m/V*) 氢氧化钠溶液。

（5）氢氧化锌共沉淀剂：称取硫酸锌（$ZnSO_4 \cdot 7H_2O$）8g，溶于 100mL 水中；称取氢氧化钠 2.4g，溶于 120mL 水中。将以上两溶液混合。

（6）4%(*m/V*) 高锰酸钾溶液。

（7）铬标准储备液：称取于 120℃ 干燥 2h 的重铬酸钾（优级纯）0.2829g，用水溶解，移入 1000mL 容量瓶中，用水稀释至标线，摇匀。每毫升储备液含 0.100μg 六价铬。

（8）铬标准使用液：吸取 5.00mL 铬标准储备液于 500mL 容量瓶中，用水稀释至标线，摇匀。每毫升标准使用液含 1.00μg 六价铬。使用当天配制。

（9）20%(*m/V*) 尿素溶液。

（10）2%（$m/V$）亚硝酸钠溶液。

（11）二苯碳酰二肼溶液：称取二苯碳酰二肼（简称 DPC，$C_{13}H_{14}N_4O$）0.2g，溶于 50mL 丙酮中，加水稀释至 100mL，摇匀，贮于棕色瓶内，置于冰箱中保存。颜色变深后不能再用。

## 五、操作步骤

（一）水样预处理

（1）对不含悬浮物、低色度的清洁地面水，可直接进行测定。

（2）如果水样有色但不深，可进行色度校正。即另取一份试样，加入除显色剂以外的各种试剂，以 2mL 丙酮代替显色剂，用此溶液为测定试样溶液吸光度的参比溶液。

（3）对浑浊、色度较深的水样，应加入氢氧化锌共沉淀剂并进行过滤处理。

（4）水样中存在次氯酸盐等氧化性物质时干扰测定，可加入尿素和亚硝酸钠消除。

（5）水样中存在低价铁、亚硫酸盐、硫化物等还原性物质时，可将 $Cr^{6+}$ 还原为 $Cr^{3+}$，此时，调节水样 pH 值至 8，加入显色剂溶液，放置 5min 后再酸化显色，并以同法作标准曲线。

（二）标准曲线的绘制

取 9 支 50mL 比色管，依次加入 0mL、0.20mL、0.50mL、1.00mL、2.00mL、4.00mL、6.00mL、8.00mL 和 10.00mL 铬标准使用液，用水稀释至标线，加入 1+1 硫酸 0.5mL 和 1+1 磷酸 0.5mL，摇匀。加入 2mL 显色剂溶液，摇匀。5～10min 后，于 540nm 波长处，用 1cm 或 3cm 比色皿，以水为参比，测定吸光度并作空白校正。以吸光度为纵坐标，相应六价铬含量为横坐标绘出标准曲线。

（三）水样的测定

取适量（含 $Cr^{6+}$ 少于 50μg）无色透明或经预处理的水样于 50mL 比色管中，用水稀释至标线，测定方法同标准溶液。进行空白校正后根据所测吸光度从标准曲线上查得 $Cr^{6+}$ 含量。

## 六、结果计算

$Cr^{6+}$ 含量（mg/L）可按下式计算：

$$Cr^{6+} = \frac{m}{V}$$

式中　$m$——从标准曲线上查得的 $Cr^{6+}$ 量，μg；

　　$V$——水样的体积，mL。

# 第二部分

# 大气污染控制工程创新实验

DAQI WURAN KONGZHI GONGCHENG CHUANGXIN SHIYAN

# 实验 16　环境空气中悬浮颗粒物浓度的测定

## 一、实验意义和目的

环境空气中悬浮颗粒物（如 TSP、$PM_{10}$、$PM_{2.5}$等）是一种常规的污染物，目前我国许多城市的大气首要污染物为可吸入颗粒物（$PM_{10}$），它们对人体健康、植被生态和能见度等都有着非常重要的直接和间接影响。因此，对这类污染物的浓度进行测定是大气环境污染研究中一项重要的工作。

本实验在校园中以及附近的工作区、公路旁进行采样分析。通过本实验，达到掌握重量法测定大气中悬浮颗粒物（如 TSP、$PM_{10}$）浓度的目的。

## 二、实验原理

通过具有一定切割特性的采样器，以恒速抽取一定体积的空气，空气中某一粒径范围的悬浮颗粒物被截留在已恒重的滤膜上。根据采样前、后滤膜质量之差及采样体积，计算总悬浮颗粒物的浓度。滤膜经处理后，可再进行组分分析。

本方法适合于大流量或中流量悬浮颗粒物的测定。方法的检测限为 0.001mg/m$^3$。悬浮颗粒物含量过高或雾天采样使滤膜阻力大于 10kPa 时，本方法不适用。

## 三、实验仪器和材料

（1）大流量或中流量采样器：1 台，应按《总悬浮颗粒物采样器技术要求（暂行）》（HYQ1.1—89）的规定。

（2）大流量孔口流量计：1 个，量程 0.7～1.4m$^3$/min，流量分辨率 0.01m$^3$/min，精度优于±2%。

（3）中流量孔口流量计：1 个，量程 70～160L/min，流量分辨率 1L/min，精度优于±2%。

（4）U 形管压差计：1 个，最小刻度 0.1hPa（百帕）

（5）X 光看片机：1 台，用于检查滤膜有无缺损。

（6）打号机：1 台，用于在滤膜及滤膜袋上打号。

（7）镊子：1 个，用于夹取滤膜。

（8）超细玻璃纤维滤膜：10 片，对 0.3μm 标准粒子的截留不低于 99%，在气流速度为 0.45m/s 时，单张滤膜阻力不大于 3.5kPa，在同样气流速度下，抽取经高效过滤器净化的空气 5h，且要求 1cm$^2$ 滤膜失重不大于 0.012mg。

(9) 滤膜袋：10个，用于存放采样后对折的采尘滤膜，袋面印有编号、采样日期、采样地点、采样人等项。

(10) 滤膜保存盒：1个，用于保存、运送滤膜，保证滤膜在采样前处于平展不受折状态。

(11) 恒温恒湿箱：1台，箱内空气温度要求在15～30℃范围内连续可调，控温精度±1℃；箱内空气相对湿度应控制在50%±5%，恒温恒湿箱可连续工作。

(12) 悬浮颗粒物大盘天平：1台，用于大流量采样滤膜称量，称量范围不小于10g，感量1mg，标准差不大于2mg。

(13) 分析天平：1台，用于中流量采样滤膜称量，称量范围不小于10g，感量0.1mg，标准差不大于0.2mg。

## 四、实验方法和步骤

### (一) 采样器的流量校准

新购置或维修后的采样器在启动前，须进行流量校准。正常使用的采样器每月也要进行一次流量校准。流量校准步骤如下：

(1) 计算采样器工作点的流量。采样器应工作在规定的采气流量下，该流量成为采样器的工作点。在正式采样前，应调整采样器，使其工作在正确的工作点上，按下述步骤进行：

采样器采样口的抽气速度 $u$ 为0.3m/s，大流量采样器的工作点流量 $Q_H$ ($m^3$/min) 为：

$$Q_H = 1.05 \tag{16-1}$$

中流量采样器的工作电流量 $Q_H$($m^3$/min) 为：

$$Q_M = 60000uA \tag{16-2}$$

式中，$A$ 为采样器采样口截面积，$m^3$。

将 $Q_H$ 和 $Q_M$ 计算值换算成标准状态下的流量 $Q_{HN}$($m^3$/min) 和 $Q_{MN}$(L/min)：

$$Q_{HN} = (Q_H p T_N)/(T p_N) \tag{16-3}$$

$$Q_{MN} = (Q_M p T_N)/(T p_N) \tag{16-4}$$

$$\lg p = \lg 101.3 - h/18400 \tag{16-5}$$

式中 $T$——测试现场月平均温度，K；

$p_N$——标准状态下的压力，101.3kPa；

$T_N$——标准状态下的温度，273K；

$p$——测试现场平均大气压，kPa；

$h$——测试现场海拔高度，m。

将式 (16-6) 中 $Q_N$ 用 $Q_{HN}$ 或 $Q_{MN}$ 代入，求出修正项 $Y$，再按式 (16-7) 计算 $\Delta H$(Pa)：

$$Y = BQ_{\mathrm{N}} + A \tag{16-6}$$

$$\Delta H = (Y^2 p_{\mathrm{N}} T)/(pT_{\mathrm{N}}) \tag{16-7}$$

式中，斜率$B$和截距$A$由孔口流量计的标定部门给出。

（2）采样器工作点流量的校准：1）打开采样头的采样盖，按正常采样位置，放一张干净的采样滤膜，将孔口流量计的接口与采样头密封连接，孔口流量计的取压口接好压差计；2）接通电源，开启采样器，待工作正常后，调节采样气流量，使孔口流量计压差值达到式（16-7）计算的$\Delta H$值；3）校准流量时，要确保气路密封连接，流量校准后，如发现滤膜上尘的边缘轮廓不清楚或滤膜安装歪斜等情况，可能造成漏气，应重新进行校准；4）校准合格的采样器即可用于采样，不得再改动调节器状态。

（二）悬浮颗粒物含量测试

1. 滤膜准备

（1）每张滤膜均需用X光看片机进行检查，不得有针孔或任何缺陷。在选中的滤膜光滑表面的两个对角上打印编号。滤膜袋上打印同样编号备用。

（2）将滤膜放在恒温恒湿箱中平衡24h，平衡温度取15~30℃中任一点，记录下平衡温度与湿度。

（3）在上述平衡条件下称量滤膜，大流量采样器滤膜称量精确到1mg。记录下滤膜质量$m_0$(g)。

（4）称量好的滤膜平展地放在滤膜保存盒中，采样前不得将滤膜弯曲或折叠。

2. 安放滤膜及采样

（1）打开采样头顶盖，取出滤膜夹。用清洁干布擦去采样头内及滤膜夹的灰尘。

（2）将已编号并称量过的滤膜绒面向上，放在滤膜支持网上。放上滤膜夹，对正，拧紧，使不漏气。安好采样头顶盖，按照采样器使用说明，设置采样时间，即可启动采样。

（3）样品采完后，打开采样头，用镊子轻轻取下滤膜，采样面向里，将滤膜对折，放入号码相同的滤膜袋中。取滤膜时，如发现滤膜损坏，或滤膜上尘的边缘轮廓不清晰、滤膜安装歪斜（说明漏气），则本次采样作废，需重新采样。

3. 尘膜的平衡及称量

尘膜在恒温恒湿箱中，与干净滤膜平衡条件相同的温度、湿度下，平衡24h。在上述平衡条件下称量滤膜，大流量采样器滤膜称量精确到1mg，中流量采样器滤膜称量精确到0.1mg。记录下滤膜质量$m_1$(g)，滤膜增重，大流量滤膜不小于100mg，中流量采样器滤膜不小于10mg。

4. 计算

悬浮颗粒物含量（μg/m³）计算公式如下：

$$悬浮颗粒物含量 = \frac{K(m_1 - m_2)}{Q_N t} \tag{16-8}$$

式中　$t$——累积采样时间，min；

$Q_N$——采样器平均抽气流量，即式（16-3）或式（16-4）$Q_{HN}$或$Q_{MN}$的计算值；

$K$——常数，大流量采样器$K=1\times10^6$，中流量采样器$K=1\times10^9$。

5. 测试方法的再现性

当两台总悬浮颗粒物采样器安放位置相距不大于4m、不少于2m时，同样采样测定总悬浮颗粒物含量，相对偏差不大于15%。

# 实验 17　烟气流量及含尘浓度的测定

## 一、实验意义和目的

大气污染的主要来源是工业污染源排出的废气，其中烟道气造成的危害极为严重。因此，烟道气（简称烟气）测试是大气污染源监测的主要内容之一。测定烟气的流量和含尘浓度对于评价烟气排放的环境影响、检验除尘装置的功效有重要意义。

通过本实验应达到以下目的：

（1）掌握烟气测试的原则和各种测量仪器的试用方法；

（2）了解烟气状态（温度、压力、含湿量等参数）的测量方法和烟气流速流量等参数的计算方法；

（3）掌握烟气含尘浓度的测定方法。

## 二、实验原理

### （一）采样位置的选择

正确选择采样位置和确定采样点数目对采集有代表性的并符合测定要求的样品是非常重要的。采样位置应取气流平稳的管段，原则上避免弯头部分和断面形状急剧变化的部分，与其距离至少是烟道直径的 1.5 倍，同时要求烟道中气流速度在 5m/s 以上。而采样孔和采样点的位置主要依据烟道的大小和断面的形状而定。下面说明不同形状烟道采样点的布置。

1. 圆形烟道

采样点分布见图 17-1a。将烟道的断面划分为适当数目的等面积同心圆环，各采样点均在等面积的中心线上，所分的等面积圆环数由烟道的直径大小而定。

2. 矩形烟道

将烟道断面分为等面积的矩形小块，各块中心即采样点（见图 17-1b）。不同面积矩形烟道等面积分块数，见表 17-1。

**表 17-1　矩形烟道的分块和测点数**

| 烟道断面面积/$m^2$ | 等面积分块数 | 测点数 |
|---|---|---|
| <1 | 2×2 | 4 |
| 1~4 | 3×3 | 9 |
| 4~9 | 4×3 | 12 |

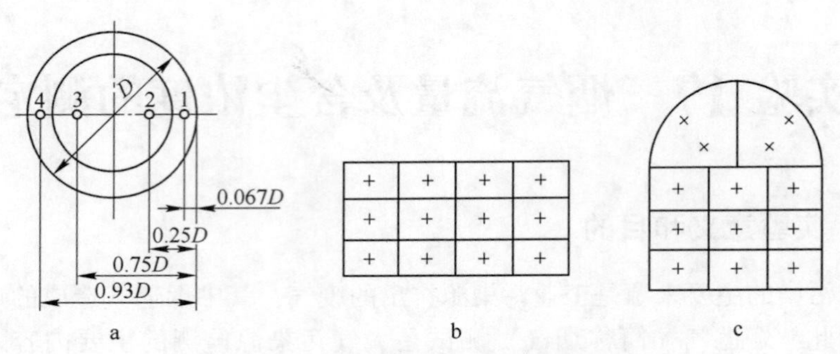


图 17-1　烟道采样点分布图

a—圆形烟道；b—矩形烟道；c—拱形烟道

3. 拱形烟道

拱形烟道分别按圆形烟道和矩形烟道采样点布置原则布置，见图 17-1c。

（二）烟气状态参数的测定

烟气状态参数包括压力、温度、相对湿度和密度。

1. 压力

测量烟气压力的仪器为 S 型毕托管，适用于含尘浓度较大的烟道中。毕托管是由两根不锈钢管组成，测端做成方向相反的两个互相平行的开口，如图 17-2 所示。测定时将毕托管与倾斜压力计用橡皮管连好，一个开口面向气流，测得全压；另一个背向气流，测得静压；两者之差便是动压。由于背向气流的开口上吸力的影响，所得静压与实际值有一定误差，因而事先要加以校正。方法是与标准风速管在气流速度为 2~60m/s 的气流中进行比较，S 型毕托管和标准风速管测得的速度值之比，称为毕托管的校正系数。当流速在 5~30m/s 的范围内，其校正系数值为 0.84。倾斜压力计测得动压值按下式计算：

$$p = LKd \tag{17-1}$$

式中　$L$——斜管压力计读数；

$K$——斜度修正系数，在斜管压力计标出 0.2，0.3，0.4，0.6，0.8；

$d$——酒精相对密度，$d=0.81$。

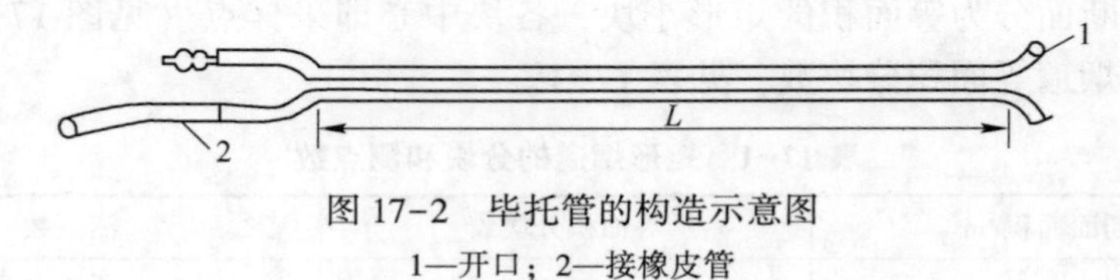


图 17-2　毕托管的构造示意图

1—开口；2—接橡皮管

2. 温度

烟气的温度通过热电偶和便携式测温毫伏计的联用来测定。热电偶是利用两根不同金属导线在结点处产生的电位差随温度而变制成的。用毫伏计测出热电偶的电势差，就可以得到工作端所处的环境温度。

3. 相对湿度

烟气的相对湿度可用干湿球温度计直接测定，测试装置如图 17-3 所示。让烟气以一定的流速通过干湿球温度计，根据干湿球温度计的读数可计算烟气含湿量（水蒸气体积分数）：

$$x_{sw} = \frac{p_{hr} - C(t_c - t_b)(p_a - p_b)}{p_a + p_s} \tag{17-2}$$

式中　$p_{hr}$——温度为 $t_b$ 时的饱和水蒸气压力，Pa；

$C$——系数，$C$=0.00066；

$t_c$——干球温度，℃；

$t_b$——湿球温度，℃；

$p_a$——大气压力，Pa；

$p_b$——通过湿球表面的烟气压力，Pa；

$p_s$——烟气静压，Pa。

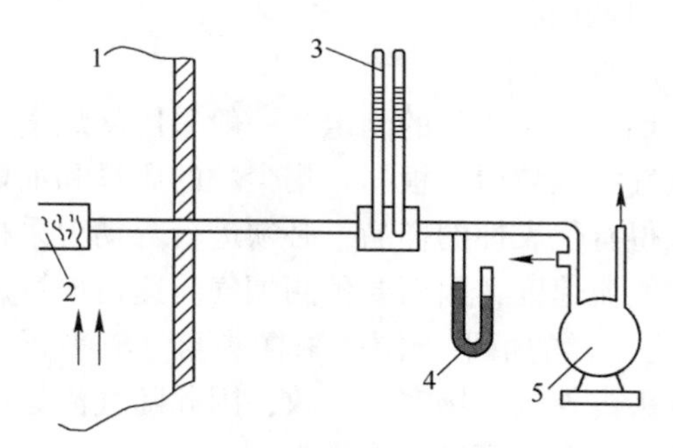


图 17-3　干湿球法采样系统

1—烟道；2—滤棉；3—干湿球温度计；4—U 形管压力计；5—抽气泵

4. 密度

干烟气密度由下式计算：

$$\rho_g = \frac{p}{RT} = \frac{p}{287T} \tag{17-3}$$

式中　$\rho_g$——烟气密度，kg/m；

$p$——大气压力，Pa；

$T$——烟气密度，K。

（三）烟气流量的计算

1. 烟气流速的计算

当干烟气组分同空气近似，露点温度在 35～55℃之间，烟气绝对压力在 $0.99\times10^5 \sim 1.03\times10^5$Pa 时，可用下列公式计算烟气进口流速：

$$v_0 = 2.77K_p\sqrt{T}\sqrt{p} \tag{17-4}$$

式中 $v_0$——烟气进口流速，m/s；

$K_p$——毕托管的校正系数，$K_p = 0.84$；

$T$——烟气底部温度，℃；

$\sqrt{p}$——各动压方根平均值，Pa，计算公式如下：

$$\sqrt{p} = \frac{\sqrt{p_1} + \sqrt{p_2} + \cdots + \sqrt{p_n}}{n} \tag{17-5}$$

式中 $p$——任一点的动压值，Pa；

$n$——动压的测点数。

2. 烟气流量的计算

烟气流量计算公式如下：

$$Q_S = Av_0 \tag{17-6}$$

式中 $Q_S$——烟气流量，$m^3/s$；

$A$——烟道进口截面积，$m^2$。

（四）烟气含尘浓度的测定

对污染源排放的烟气颗粒浓度的测定，一般采用从烟道中抽取一定量的含尘烟气，由滤筒收集烟气中颗粒后，根据收集尘粒的质量和抽取烟气的体积求出烟气中尘粒浓度。为取得有代表性的样品，必须进行等动力采样，即尘粒进入采样嘴的速度等于该点的气流速度，因而要预测烟气流速再换算成实际控制的采样流量。图 17-4 是等动力采样的情形，图中采样头与气流平行，而且采样速度和烟气流速相同，即采样头内外的流场完全一致，因此随气流运动的颗粒没有受到任何干扰，仍按原来的方向和速度进入采样头。

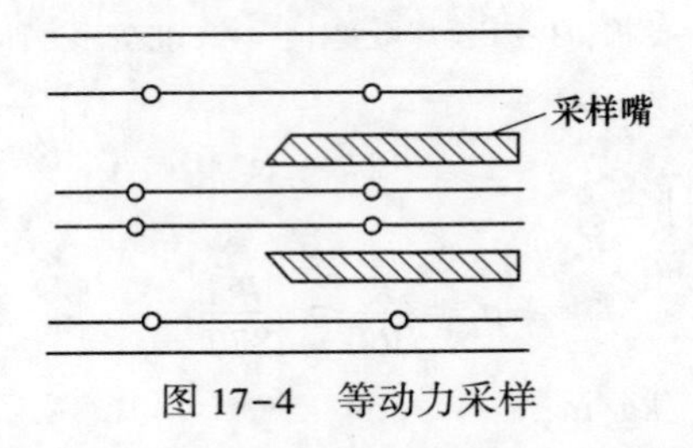


图 17-4 等动力采样

图 17-5 是非等动力采样的情形。图 17-5a 中采样头与气流有一交角 $\theta$，进入采样头的烟气虽保持原来速度，但方向发生了变化，其中的颗粒物由于惯性，将可能不随烟气进入采样头；图 17-5b 中采样头虽然与烟气流线平行，但抽气速度超过烟气流速，由于惯性作用采样体积中的颗粒物不会全部进入采样头；图 17-5c 内气流低于烟气流速，导致样品体积之外的颗粒进入采样头。由此可见，采用动力采样对于采集有代表性的样品是非常重要的。

另外，在水平烟道中，由于存在重力沉降作用，较大的尘粒有偏离烟气流线向下运动的趋势，而在垂直烟道中尘粒分布较均匀，因此应优先选择在垂直管段上取样。

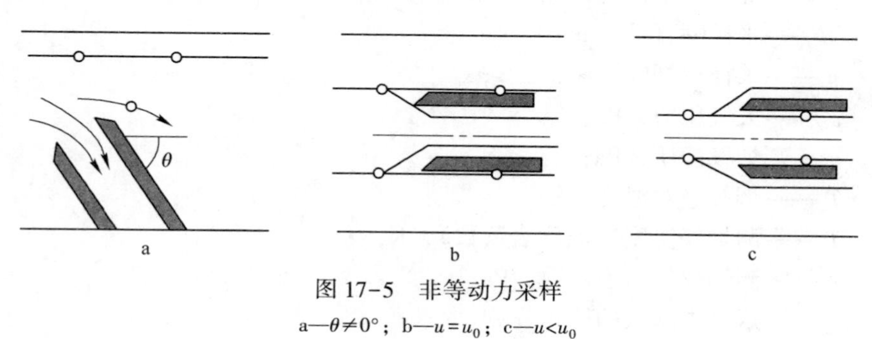


图 17-5　非等动力采样

a—$\theta \neq 0°$；b—$u = u_0$；c—$u < u_0$

烟气测试仪，如图 17-6 所示。

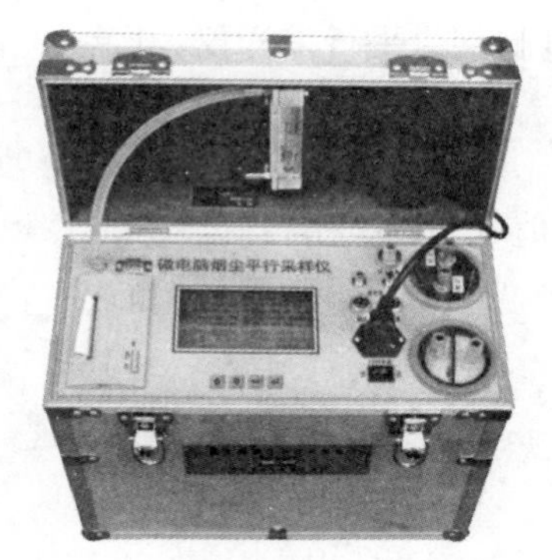


图 17-6　微电脑烟尘平行采样仪

根据滤筒在采样前后的质量差以及采样的总质量，可以计算烟气的含尘浓度。应当注意的是，需要将采样体积换算成环境温度和压力下的体积：

$$V_t = V_0 \frac{273 + t_r p_a}{273 + t p_r} \tag{17-7}$$

式中　$V_t$——环境条件下的采样体积，L；

$V_0$——现场采样体积，L；

$t_r$——测烟仪温度表的读数，℃；

$t$——环境温度，℃；

$p_a$——大气压力，Pa；

$p_r$——测烟仪压力表读数，Pa。

由于烟尘取样需要等动力采样，因此需要根据采样点的烟气流速和采样嘴的直径计算采样控制流量。若干烟气组分与干空气近似：

$$Q_r = 0.080d^2 v_s \left(\frac{p_a + p_s}{T_s}\right)\left(\frac{T_r}{p_a + p_r}\right)^{1/2} (1 - x_{sw}) \qquad (17-8)$$

式中　$Q_r$——等动力采样时，抽气泵流量计读数，L/min；

$d$——采样嘴直径，mm；

$v_s$——采样点烟气流速，m/s；

$p_a$——大气压力，Pa；

$p_s$——烟气静压，Pa；

$T_s$——烟气绝对温度，K；

$T_r$——测烟仪温度（温度表读数），K；

$p_r$——测烟仪压力表读数，Pa；

$x_{sw}$——烟气中水汽的体积分数。

## 三、实验仪器和设备

（1）TH-880Ⅳ型微电脑烟尘平行采样仪：1台。

（2）玻璃纤维滤筒：若干。

（3）镊子：1支。

（4）分析天平：分度值0.001g，1台。

（5）烘箱：1台。

（6）橡胶管：若干。

## 四、实验方法和步骤

### （一）滤筒的预处理

测试前先将滤筒编号，然后在105℃烘箱中烘2h，取出后置于干燥器内冷却20min，再用分析天平测得初重并记录。

### （二）采样位置的选择

根据烟道的形状和尺寸确定采样点数目和位置。

### （三）烟气状态和环境参数的测定

利用微电脑测烟仪配有的微差压传感器、干湿球温度传感器、温度热电偶等传感器测定烟气的压力、湿度和温度，计算烟气的流速和流量。同时记录环境大气压力和温度。

### （四）烟尘采样

（1）把预先干燥、恒重、编号的滤筒用镊子小心装在采样管的采样头内，再把选定好的采样嘴装到采样头上。

（2）根据每一个采样点的烟气流速和采样嘴的直径计算相应的采样控制流量。

（3）将采样管连接到烟尘浓度测试仪，调节流量计使其流量为采样点的控制流量，找准采样点位置，将采样管插入采样孔，使采样嘴背对气流预热 10min 后转动 180°，即采样嘴正对气流方向，同时打开抽气泵的开关进行采样。

（4）逐点采样完毕后，关掉仪器开关，抽出采样管，待温度降下后，小心取出滤筒保存好。

（5）采尘后的滤筒称重。将采集尘样的滤筒放在 105℃烘箱中烘 2h，取出置于玻璃干燥器内冷却 20min 后，用分析天平称重。

（6）计算各采样点烟气的含尘浓度。

## 五、实验数据记录和处理

将采集的数据记入表 17-2 中。

**表 17-2　烟气流量及含尘浓度测定实验记录表**

（1）测定日期________；测定烟道________；测定人员________

| 大气压力/kPa | 大气温度/℃ | 烟气温度/℃ | 烟道全压/Pa | 烟道静压/Pa | 烟气干球温度/℃ | 烟气湿球温度/℃ | 温度计表面压力/Pa | 烟气含湿量 $x_{sw}$ | 毕托管系数 $K_p$ |
|---|---|---|---|---|---|---|---|---|---|
| | | | | | | | | | |

（2）烟道断面积________ m²；测点数________；断面平均流速________ m/s；断面流量________ m³/s；平均烟尘浓度________ mg/L

| 采样点编号 | 动压/Pa | 烟气流速 /m·s⁻¹ | 采样嘴直径 /mm | 采样流量 /L·min⁻¹ | 采样时间 /min | 采样体积 /L | 换算体积/L | 滤筒号 | 滤筒初重/g | 滤筒总重/g | 烟尘浓度 /mg·L⁻¹ |
|---|---|---|---|---|---|---|---|---|---|---|---|
| 1<br>2<br>⋮ | | | | | | | | | | | |

## 六、实验结果讨论

（1）测烟气温度、压力和含湿量等参数的目的是什么？

（2）实验前需要完成哪些准备工作？

（3）采集烟尘为何要等动力采样？

（4）当烟道截面积较大时，为了减少烟尘浓度随时间的变化，能否缩短采样时间？如何操作？

# 实验 18　文丘里-旋风水膜除尘器的除尘模拟实验

## 一、实验目的

了解文丘里湿式除尘器的组成及运行状况。

## 二、实验原理

在文丘里湿式除尘器中所进行的除尘过程可分为雾化、凝聚、除雾三个过程，前两个过程在文丘里管内进行，后一个过程在捕滴器内完成。在收缩管和喉管中气液两相间的相对流速很大，烟气通过文丘里管，在收缩管里逐渐被加速，到达喉管烟气流速最高，呈强烈的紊流流动，在喉管前喷入的水滴被高速烟气撞击成大量的直径小于 10μm 的细小水珠，并且布满整个喉管，运动着的灰尘，冲破水滴周围的气膜，并黏附在水上凝聚成大颗粒的灰水珠，这种现象称为碰撞凝聚，凝聚主要发生在喉管部，因此喉管部速度越高，凝聚作用越剧烈，除尘效率也就越高，但阻力会增大，吸水量越大，且容易造成灰带水，另外碰撞凝聚也发生在收缩管，扩散管内，一般控制喉管速度为 50~60m/s。

文丘里可以使小颗粒灰尘变成大颗粒灰尘，但尚不能除尘，所以必须安装捕滴器，当经过文丘里管预处理的烟气切向引入捕滴器下部，在捕滴器内由于强烈的旋转运动，依靠离心力作用将烟尘和灰抛入捕滴器，以便黏附在水膜上，随水膜流入下部灰斗，净化后的烟气经捕滴器的上部轴向收缩引出，经引风机排入大气。

## 三、实验流程及装置

实验流程及装置见图 18-1。

## 四、分析测试器材

（1）TH-880Ⅳ型微电脑烟尘平行采样仪（武汉天虹智能仪表厂）：1 台。

（2）玻璃纤维滤筒：若干。

（3）镊子：1 支。

（4）分析天平：分度值 0.001g，1 台。

（5）烘箱：1 台。

（6）橡胶管：若干。

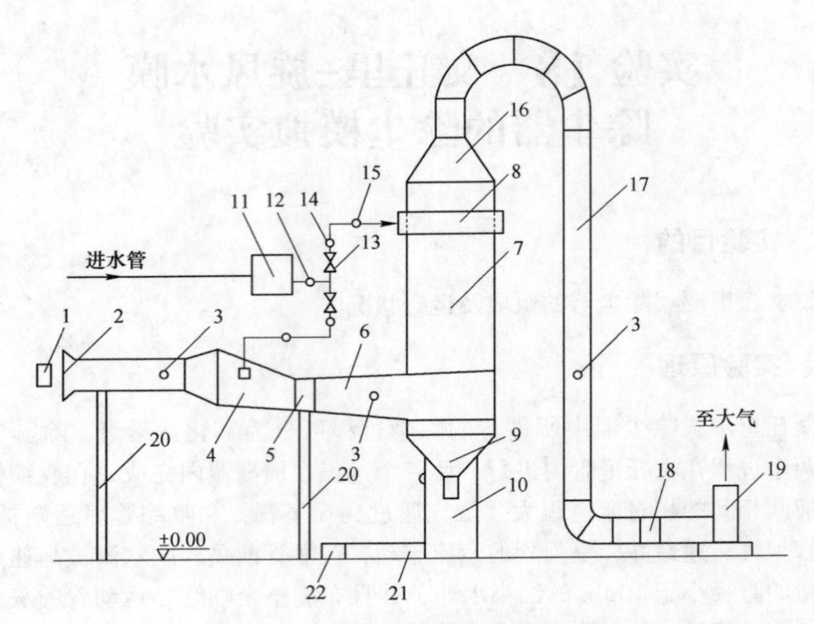


图 18-1　SC 模拟实验系统示意图

1—给粉装置；2—集流器；3—测孔；4—文丘里管收缩段；5—文丘里管喉管；6—文丘里管渐扩段；7—捕滴器；8—溢流槽；9—灰斗；10—水封筒；11—高位储水箱；12—微型水泵；13—阀门；14—压力表；15—水表；16—烟气引出段；17—烟道；18—风量调节板；19—通风机；20—支架；21—灰水沟；22—下水道

## 五、实验步骤

（1）滤筒的预处理：测试前先将滤筒编号，然后在 105℃烘箱中烘 2h，取出后置于干燥器内冷却 20min，再用分析天平测得初重 $G_1$ 并记录。

（2）检查 TH-880Ⅳ型微电脑烟尘平行采样仪干燥筒内的硅胶干燥剂，保证其呈蓝色，清洗瓶内装入 3%的 $H_2O_2$150mL，仔细阅读该装置的说明及线路连接图，连接线路。然后打开电源开关，预热 20~30min。

（3）启动风机：风机启动应在无负荷或负荷很低的情况下，否则会烧坏电机。因此要在风机前的阀门处于全闭的情况下启动风机，待运行正常打开阀门。

（4）启动微型自吸泵，为系统供水，通过压力表控制压力在 0.1kg 左右。

（5）在烟气进口配备粉尘吸入送尘装置。

（6）实验装置性能测试：

1）把预先干燥、恒重、编号的滤筒用镊子小心装在采样管的采样头内，再把选定好的采样嘴装到采样头上。

2）用橡胶管将采样管连接到烟尘测试仪上，将采样枪采样嘴和皮托管伸入文丘里水膜除尘器烟气进口采样口内，使采样嘴背对气流预热 10min 后转动 180°，即采样嘴正对气流方向，同时打开抽气泵的开关进行等速采样。

3）采样完毕后，关掉仪器开关，抽出采样枪，待温度降下后，小心取出滤筒保存好。

4）采尘后的滤筒称重：将采集尘样的滤筒放在 105℃烘箱中烘 2h，取出置于玻璃干燥器内冷却 20min 后，用分析天平称重 $G_2$ 并记录。

5）计算各采样点烟气的含尘浓度。

6）在文丘里水膜除尘器的烟气出口烟道上采样口内，同时测定相应的烟气参数并记录。

(7) 测试完毕，整理实验室。

## 六、实验记录

将采集的数据和实验结果记入表 18–1 中。

**表 18–1　文丘里水膜除尘器进出口烟气流量及含尘浓度测定实验记录表**

(1) 测定日期________；测定烟道________

| 项目 | 大气压力/kPa | 大气温度/℃ | 烟气温度/℃ | 烟道全压/Pa | 烟道静压/Pa | 烟气干球温度/℃ | 烟气湿球温度/℃ | 烟气含湿量 $x_{sw}$ |
|---|---|---|---|---|---|---|---|---|
| 烟气进口 | | | | | | | | |
| 烟气出口 | | | | | | | | |

(2) 烟道断面积________ $m^2$；测点数________

| 采样点编号 | 动压/Pa | 烟气流速/$m \cdot s^{-1}$ | 采样嘴直径/mm | 采样流量/$L \cdot min^{-1}$ | 采样时间/min | 采样体积/L | 换算体积/L | 滤筒号 | 滤筒初重/g | 滤筒总重/g | 烟尘浓度/$mg \cdot L^{-1}$ |
|---|---|---|---|---|---|---|---|---|---|---|---|
| 1<br>2<br>3<br>⋮ | | | | | | | | | | | |

(3) 计算文丘里水膜除尘器的除尘效率

| 项目 | 烟道断面平均流速/$m \cdot s^{-1}$ | 烟道断面流量/$m^3 \cdot s^{-1}$ | 平均烟尘浓度/$mg \cdot L^{-1}$ | 除尘器的除尘效率/% |
|---|---|---|---|---|
| 烟气进口 | | | | |
| 烟气出口 | | | | |

# 实验 19　GR 型消烟除尘脱硫一体化装置的模拟实验

## 一、实验意义和目的

燃煤锅炉排放的烟气含有大量的二氧化硫和烟尘，是目前我国主要的大气污染源之一，若不对该烟气加以净化处理，将会造成严重的大气污染。GR 型消烟除尘脱硫一体化装置是成熟先进的烟气净化装置，它是集消烟、除尘、脱硫为一体的高效锅炉净化装置，该设备具有效率高，投资少，无二次水污染等特点，经全国多家锅炉应用运行表明其处理效果良好，出口烟气各项指标均达到国家规定的标准要求。

通过本实验应达到以下目的：

（1）了解湿式除尘脱硫一体化装置的组成及运行过程；

（2）掌握湿式除尘脱硫一体化装置的工作原理；

（3）掌握采用烟气平行采样仪测定烟气中烟尘和二氧化硫浓度的方法。

## 二、实验原理

GR 型消烟除尘脱硫一体化装置的消烟除尘及脱硫原理介绍如下。

### （一）消烟除尘原理

湿式消烟除尘脱硫过程是以水、气、固三相工艺技术组成的一个系统，如何增大水、气、固的接触面积将直接影响消烟除尘脱硫效果，为增大接触面积，湿式净化装置采用自激式核凝原理实现消烟除尘脱硫。内部结构是在除尘室内设置自循环给水、收缩段、弧形板、扩张段、阶段折流等。作用过程是烟气通过风机作用产生高速气流冲击液面，由于烟气气速高、气温高，可产生大量微小水滴及过饱和水蒸气，较大烟气在流动过程中与其碰撞聚结沉降，微细烟气作为过饱和蒸气的凝结核，均匀地冷凝于每个微粒上凝聚增大，由 0.1～1μm 增大到 5μm 以上，经过较长的折流挡板和气液分离器将液固混合物从烟气中分离，达到消烟除尘脱硫的效果。

### （二）脱硫的主要原理

湿式脱硫的主要作用有两个：一是水对二氧化硫的物理吸收，二氧化硫溶于水，$SO_2+H_2O = H_2SO_3$，这是一个可逆过程，烟气脱硫效果受到最大溶解度的限制。二是化学吸收，烟气中 $SO_2$ 与水中碱性物质发生中和反应，反应机理如下：

$$SO_2(g) \longrightarrow SO_2(l)$$

$$SO_2(l) + H_2O \longrightarrow H_2SO_3 \longrightarrow H^+ + HSO_3^-$$
$$H_2SO_3^- \longrightarrow 2H^+ + SO_3^{2-}$$
$$H^+ + OH^- \longrightarrow H_2O$$

从反应机理来看，脱硫效率与气、液、固三相湍流状态和洗涤液的浓度及碱度有关。采用双碱法，双碱法包括吸收和再生两个步骤。该法吸收 $SO_2$ 采用钠基碱，因为它易吸收 $SO_2$，反应速度快，反应充分，与钙基相比，在较低液气比时得到较高的脱硫效率，而运行中实际消耗的是廉价的石灰（钙基)，因为吸收 $SO_2$ 的废水进入再生池用石灰进行再生，使 NaOH 或 $Na_2CO_3$ 再生，重新进入除尘器内与 $SO_2$ 发生反应。由于生成 $CaSO_3$ 的沉淀反应不在除尘器内部，而是在沉淀再生池中进行，因此，不会在除尘器及管道中产生结垢和堵塞现象，在除尘器内部是吸收反应，生成的是 $Na_2SO_3$。因此双碱法具有高脱硫率、不易堵塞结垢等优点，而实际消耗的是便宜的石灰，运行费用也较低。反应方程式如下。

（1）吸收反应：

$$2NaOH+SO_2 \longrightarrow Na_2SO_3+H_2O$$
$$Na_2CO_3+SO_2 \longrightarrow Na_2SO_3+CO_2\uparrow$$
$$Na_2SO_3+SO_2+H_2O \longrightarrow 2NaHSO_3$$

（2）氧化反应：

$$2Na_2SO_3+O_2 \longrightarrow 2Na_2SO_4$$

在氧量不足的情况下，该反应不易发生。

（3）再生反应，对吸收液的再生：

$$CaO+H_2O \longrightarrow Ca(OH)_2$$
$$2NaHSO_3+Ca(OH)_2 \longrightarrow Na_2SO_3+CaSO_3+2H_2O$$
$$Na_2SO_3+Ca(OH)_2+\frac{1}{2}H_2O \longrightarrow 2NaOH+CaSO_3\cdot\frac{1}{2}H_2O\downarrow$$

有氧存在时：

$$2CaSO_3\cdot\frac{1}{2}H_2O+O_2+3H_2O \longrightarrow 2CaSO_4\cdot 2H_2O\downarrow$$

（三）循环水系统

循环水系统由循环水池、循环水泵、循环水管道和加药装置组成。循环水池满足锅炉脱硫循环用水的需要，并能保证其沉淀反应时间。本系统采用零排放闭环运行，以避免二次污染。循环水池由两部分组成：沉淀池和清水池。脱硫采用双碱法，双碱法 CaO 溶解液在进入沉淀池前加入；随冲渣水一起进入沉淀池，双碱法在沉淀池中进行再生反应，NaOH 得以再生，反应生成的沉淀 $CaSO_3$、$CaSO_4$ 及灰渣在沉淀池被捞出。运行初期用的 NaOH 及运行中需补充的 NaOH 在清水池中加入，pH 值调节在进入沉淀池前进行，其 pH 值应根据煤种的含硫量进行调控。pH 值控制在 9~10。

经全国多家锅炉实际运行表明，锅炉烟气经收缩管道撞击 R 板形成小水滴和水蒸气，再经多级折流挡板、扩张段、脱雾器，可达到较好的消烟除尘脱硫的效果。

## 三、装置主要特点及技术指标

（1）除尘、脱硫、消烟一体化完成；

（2）对微小颗粒有较高的去除效果；

（3）水封闭式自循环，不存在二次污染；

（4）净化效率高：除尘效率大于 98%，脱硫效率大于 65%，烟气黑度小于 1 级。

## 四、实验流程及装置

实验流程如图 19-1 所示。

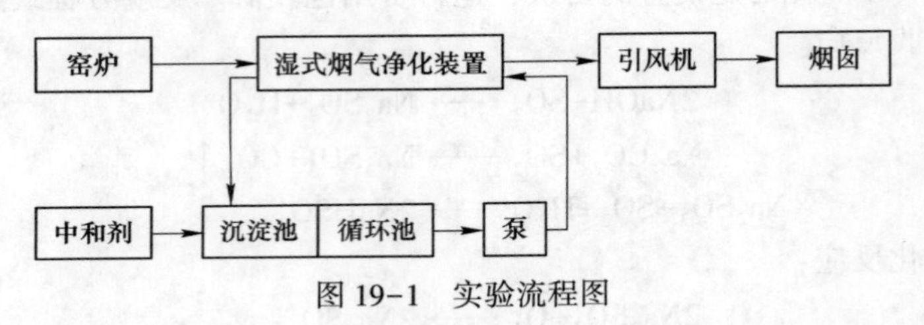


图 19-1　实验流程图

GR 型消烟除尘脱硫一体化装置如图 19-2 所示。

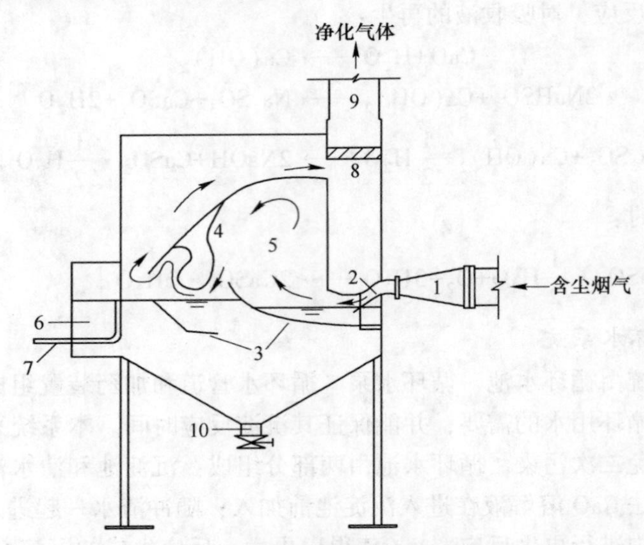


图 19-2　GR 型消烟除尘脱硫一体化装置

1—进气管；2—收缩管；3—R 形弧板；4—挡板；5—S 形通道；
6—溢流水箱；7—溢流管；8—除湿装置；9—排气管；10—卸灰管

## 五、分析测试器材

（1）TH-880Ⅳ型微电脑烟尘平行采样仪：1 台。（2）玻璃纤维滤筒：若干。（3）镊子：1 支。（4）分析天平：分度值 0.001g，1 台。（5）烘箱：1 台。（6）橡胶管：若干。

## 六、实验步骤

（1）滤筒的预处理：测试前先将滤筒编号，然后在 105℃烘箱中烘 2h，取出后置于干燥器内冷却 20min，再用分析天平测得初重 $G_1$ 并记录。

（2）检查 TH-880Ⅳ型微电脑烟尘平行采样仪干燥筒内的硅胶干燥剂，保证其呈蓝色，清洗瓶内装入 3%的 $H_2O_2$ 150mL，仔细阅读该装置的说明及线路连接图，连接线路。然后打开电源开关，预热 20~30min。

（3）启动风机：风机启动应在无负荷或负荷很低的情况下，否则会烧坏电机。因此要在风机前的阀门处于全闭的情况下启动风机，待运行正常打开阀门。

（4）启动微型自吸泵，为系统供水，通过压力表控制压力在 0.1kPa 左右。

（5）在烟气进口配备粉尘吸入送尘装置。

（6）实验装置性能测试：

1）把预先干燥、恒重、编号的滤筒用镊子小心装在采样管的采样头内，再把选定好的采样嘴装到采样头上。

2）用橡胶管将采样管连接到烟尘测试仪上，将采样枪采样嘴和皮托管伸入除尘脱硫一体化装置烟气进口采样口内，使采样嘴背对气流预热 10min 后转动 180°，即采样嘴正对气流方向，同时打开抽气泵的开关进行等速采样。

3）采样完毕，关掉仪器开关，抽出采样枪，待温度降下后，小心取出滤筒。

4）采尘后的滤筒称重：将采集尘样的滤筒放在 105℃烘箱中烘 2h，取出置于玻璃干燥器内冷却 20min 后，用分析天平称重 $G_2$ 并记录。

5）计算各采样点烟气的含尘浓度。

6）在除尘脱硫一体化装置的烟气出口烟道上采样口内，测定烟气参数并记录。

（7）测试完毕，整理实验室。

## 七、实验记录

将采集的数据和实验结果记入表 19-1 中。

**表 19-1　除尘脱硫一体化装置进出口烟气含尘浓度测定实验记录表**

（1）测定日期________；测定烟道________

| 项目 | 大气压力/kPa | 大气温度/℃ | 烟气温度/℃ | 烟道全压/Pa | 烟道静压/Pa | 烟气干球温度/℃ | 烟气湿球温度/℃ | 烟气含湿量 $x_{sw}$ |
|---|---|---|---|---|---|---|---|---|
| 烟气进口 | | | | | | | | |
| 烟气出口 | | | | | | | | |

（2）烟道断面积________m²；测点数________

| 采样点编号 | 动压/Pa | 烟气流速/$m \cdot s^{-1}$ | 采样嘴直径/mm | 采样流量/$L \cdot min^{-1}$ | 采样时间/min | 采样体积/L | 换算体积/L | 滤筒号 | 滤筒初重/g | 滤筒总重/g | 烟尘浓度/$mg \cdot L^{-1}$ |
|---|---|---|---|---|---|---|---|---|---|---|---|
| 1 | | | | | | | | | | | |
| 2 | | | | | | | | | | | |
| 3 | | | | | | | | | | | |
| ⋮ | | | | | | | | | | | |

（3）计算除尘脱硫一体化装置的除尘效率

| 项目 | 烟道断面平均流速/$m \cdot s^{-1}$ | 烟道断面流量/$m^3 \cdot s^{-1}$ | 平均烟尘浓度/$mg \cdot L^{-1}$ | 除尘器的除尘效率/% |
|---|---|---|---|---|
| 烟气进口 | | | | |
| 烟气出口 | | | | |

# 实验 20　干法脱除烟气中二氧化硫

## 一、实验意义和目的

烟气脱硫是控制烟气中二氧化硫的重要手段之一。烟气脱硫按应用的脱硫剂形态可分为干法脱硫和湿法脱硫。湿法脱硫脱硫率高，易于操作控制，但存在废水的后处理问题，由于洗涤过程中，烟气温度降低较多，不利于高烟囱排放扩散稀释。干法采用粉状或粒状吸收剂、吸附剂或催化剂等脱除烟气中的 $SO_2$，脱硫净化后的烟气温度降低很少，从烟囱向大气排出时易于扩散，无废水问题产生。本实验采用干法脱硫，以铁系氧化物、活性炭等吸附剂为脱硫剂，通过实验，使学生掌握干法脱硫的特点、基本工艺流程及原理。

## 二、实验原理

铁系氧化物脱硫实验，脱硫过程包括物理吸附和化学吸附，主要反应如下：

$$SO_2+1/2O_2 \longrightarrow SO_3$$

$$Fe_2O_3+3SO_3 \longrightarrow Fe_2(SO_4)_3$$

活性炭作为吸附剂吸附二氧化硫，是由于活性炭具有较大的比表面积和较高的物理吸附性能，能够将气体中的二氧化硫浓集于其表面而分离出来。活性炭吸附二氧化硫的过程是可逆过程：在一定温度和气体压力下达到吸附平衡，而在高温、减压条件下，被吸附的二氧化硫又被解吸出来，使活性炭得到再生。

本实验仅对铁系氧化物、活性炭的吸附性能进行研究，不考虑其再生。

本实验中 $SO_2$ 的采样分析采用两个串联的多孔玻板吸收瓶两级吸收，碘量法进行滴定。

## 三、实验流程及内容

### （一）实验流程

干法脱硫实验流程图见图 20-1。

### （二）实验内容

（1）配气：含二氧化硫烟气由纯二氧化硫和压缩空气配制而成，其中高压空气既模拟烟道气，又为反应提供动力。

（2）反应床采用玻璃 U 形管，内装铁系干法脱硫剂（或市售活性炭）。

（3）按图 20-1 所示流程连接好各装置。通过减压阀控制进气流速，测定干

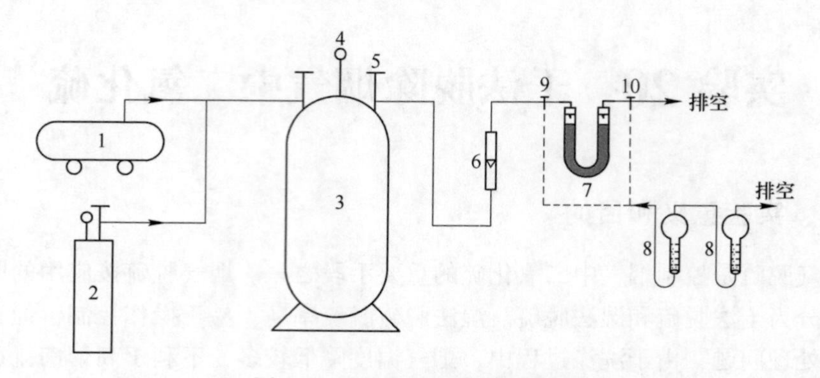


图 20-1 干法脱硫实验流程图

1—空压机；2—二氧化硫气体钢瓶；3—缓冲罐；4—压力表；5—减压阀；6—转子流量计；7—U 形管反应床；8—多孔玻板吸收瓶；9—进气采样口；10—出气采样口

法脱硫剂的脱硫效果。

（4）开启缓冲罐，调节减压阀，用转子流量计控制一定的流量，使含 $SO_2$ 气体进入反应床，连续通气，定时用碘量法分别测定反应床进、出口气体中 $SO_2$ 浓度，记录其流量、时间，计算不同时间的脱硫效率，直至脱硫率明显下降到脱硫剂失效，停止通气。

（5）实验数据按表 20-1 记录。

**表 20-1 实验数据记录表**

实验日期____年____月____日；专业________；班级________；姓名________；学号________

第______组；实验台序号________；脱硫剂类型________；脱硫剂装填量____ g

| 项目 | | 通气时间 $t$/min | 气体流速 $u$/L·min$^{-1}$ | 气量 $V_{nd}$/L | 碘标液浓度 $c$/mol·L$^{-1}$ | 碘滴定体积 $V$/mL | $SO_2$ 浓度 $c$/mg·m$^{-3}$ | 脱硫效率 $\eta$/% |
|---|---|---|---|---|---|---|---|---|
| 进气口 | | | | | | | | |
| 出气口 | 1 | | | | | | | |
| | 2 | | | | | | | |
| | 3 | | | | | | | |
| | 4 | | | | | | | |
| | 5 | | | | | | | |
| | ⋮ | | | | | | | |

## 四、分析方法

烟气中二氧化硫的测定用碘量法进行。

## 五、实验结果与讨论

（1）据实验数据绘制脱硫效率-反应时间曲线。
（2）计算脱硫剂在实验条件下的工作硫容（$gSO_2/g$ 脱硫剂）。
（3）综合评价干法脱硫剂的优缺点。

# 实验 21 粉体粒度分布的测定

## 一、实验意义和目的

粒度分布的测量在实际应用中非常重要，在工农业生产和科学研究中的固体原料和制品，很多都是以粉体的形态存在的，粒度分布对这些产品的质量和性能起着重要的作用。例如催化剂的粒度对催化效果有着重要影响，水泥的粒度影响凝结时间及最终的强度，各种矿物填料的粒度影响制品的质量与性能，涂料的粒度影响涂饰效果和表面光泽，药物的粒度影响口感、吸收率和疗效等。因此在粉体加工与应用的领域中，有效控制与测量粉体的粒度分布，对提高产品质量，降低能源消耗，控制环境污染，保护人类的健康具有重要意义。粒度测试的仪器和方法很多，激光法是用途最广泛的一种方法。它具有测试速度快、操作方便、重复性好、测试范围宽等优点，是现代粒度测量的主要方法之一。

BT-9300H 型激光粒度分布仪是基于激光散射原理测量粒度分布的一种新型粒度仪。该系统包括主机（粒度仪）、样品制备装置（循环分散器、超声波分散器）、电脑系统（电脑、打印机、备件、软件）和使用手册等。通过样品制备装置将样品输送到主机的测量区域，激光照射到样品后将产生光散射信号，光电接收器阵列将光散射信号转换成电信号，这些电信号通过 USB 或 RS232 方式传输到电脑中，用专门的粒度测试软件依据 mie 散射理论对散射信号进行处理，就可以得到该样品的粒度分布结果。

## 二、BT-9300H 型激光粒度分布仪的粒度测试原理

BT-9300H 型激光粒度仪是采用米氏散射原理对粒度分布进行测量的。当一束平行的单色光照射到颗粒上时，在傅式透镜的焦平面上将形成颗粒的散射光谱，这种散射光谱不随颗粒的运动而改变，通过米氏散射理论分析这些散射光谱就可以得出颗粒的粒度分布。假设颗粒为球形且粒径相同，则散射光能按艾理圆分布，即在透镜的焦平面形成一系列同心圆光环，光环的直径与产生散射的颗粒粒径相关，粒径越小，散射角越大，圆环直径就越大；粒径越大，散射角就越小，圆环的直径也就越小。图 21-1 为 BT-9300H 型激光粒度仪原理图。

## 三、仪器的基本指标与性能

（1）测试范围：0. 1～340μm。

（2）进样方式：微量样品池式和循环泵式，本实验采用微量样品池式。

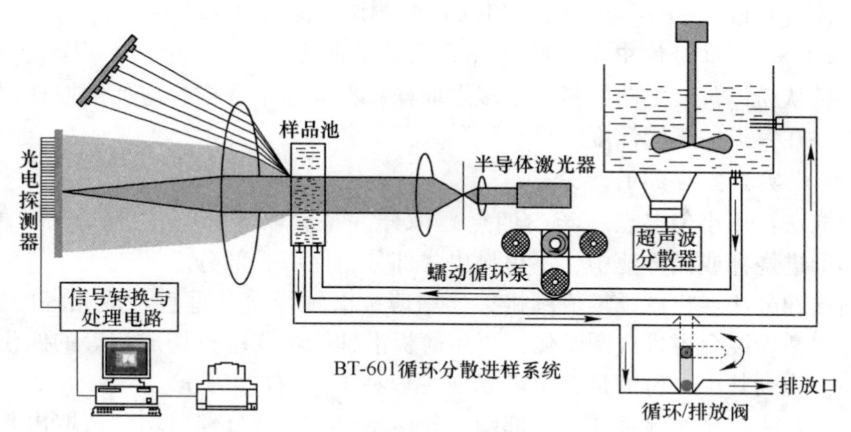


图 21-1　BT-9300H 型激光粒度仪原理图

（3）重复性误差：不大于 1%（测量标准样品 $D_{50}$ 的相对偏差）。

（4）测试时间：1~3min/次。

（5）样品浓度：10~60（遮光率数值，对应的浓度为 0.001%~0.6%）。

（6）测试结果：累积粒度分布（数据和曲线），频率粒度分布（数据和直方图），中位径（$D_{50}$），重量平均径，比表面积等。

（7）电源：AC220V 50Hz，功率为 240W。

（8）光源：半导体激光器，波长为 635ns，功率为 3mW。

（9）76 个光电探测器，全程米氏散射理论。

（10）数据传输方式：USB 标准或 RS232 标准的串行方式。

（11）电脑与操作系统：运行 Windows98、WindowsME、Windows2000、WindowsXP 操作系统的各种通用电脑。

（12）打印机：可挂接于 Windows 下的各种针式、喷墨、激光打印机。

## 四、测试准备

### （一）仪器及用品准备

（1）仔细检查粒度仪、电脑、打印机等，看它们是否连接好，放置仪器的工作台是否牢固，并将仪器周围的杂物清理干净。

（2）向超声波分散器分散池中加大约 250mL 的水。

（3）准备好样品池、蒸馏水、取样勺、搅拌器、取样器等实验用品，装好打印纸。

### （二）取样与悬浮液的配置

BT-9300H 型激光粒度仪是通过对少量样品进行粒度分布测定来表征大量粉体粒度分布的。因此要求所测的样品具有充分的代表性。取样一般分三个步骤：

大量粉体（10kg）→实验室样品（10g）→测试样品（10mg）。

（三）从大堆粉体中取实验室样品应遵循的原则

尽量从粉体包装之前的料流中多点取样；在容器中取样，应使用取样器，选择多点并在每点的不同深度取样。

（四）实验室样品的缩分

勺取法：用小勺多点（至少四点）取样。每次取样都应将进入小勺中的样品全部倒进烧杯或循环池中，不得抖出一部分，保留一部分。

圆锥四分法：将试样堆成圆锥体，用薄板沿轴线将其垂直切成相等的四份，将对角的两份混合再堆成圆锥体，再用薄板沿轴线将其垂直切成相等的四份，如此循环，直到其中一份的量符合需要（一般在1g左右）为止。

分样器法：将实验室样品全部倒入分样器中，经过分样器均分后取出其中一份，如这一份的量还多，应再倒入分样器中进行缩分，直到其中一份（或几份）的量满足要求为止。

（五）配制悬浮液

介质：用BT-9300H型激光粒度仪进行粒度测试前要先将样品与某液体混合配制成悬浮液，用于配制悬浮液的液体叫做介质。介质的作用是使样品呈均匀的、分散的、易于输送的状态。对介质的一般要求是：（1）不使样品发生溶解、膨胀、絮凝、团聚等物理变化；（2）不与样品发生化学反应；（3）对样品的表面应具有良好的润湿作用；（4）透明纯净无杂质。可选作介质的液体很多，最常用的有蒸馏水和乙醇。特殊样品可以选用其他有机溶剂做介质。

分散剂是指加入到介质中的少量的、能使介质表面张力显著降低，从而使颗粒表面得到良好润湿作用的物质。不同的样品需要用不同的分散剂。常用的分散剂有焦磷酸钠、六偏磷酸钠等。分散剂的作用有两个方面，其一是加快“团粒”分解为单体颗粒的速度；其二是延缓和阻止单个颗粒重新团聚成“团粒”。分散剂的用量为沉降介质质量的千分之二至千分之五。使用时可将分散剂按上述比例先加到介质中，待充分溶解后即可使用。

## 五、使用微量样品池时的测试步骤

（一）悬浮液浓度

将加有分散剂的介质（约80mL）倒入烧杯中，然后加入缩分得到的实验样品，并进行充分搅拌，放到超声波分散器中进行分散，如图21-2所示。此时加入样品的量只需粗略控制，80mL介质加入1/3~1/5勺就可以了。通常是样品越细，所用的量越少；样品越粗，所用的量越多。

（二）分散时间

将装有配好的悬浮液的烧杯放到超声波分散器中，打开电源开关就开始进行

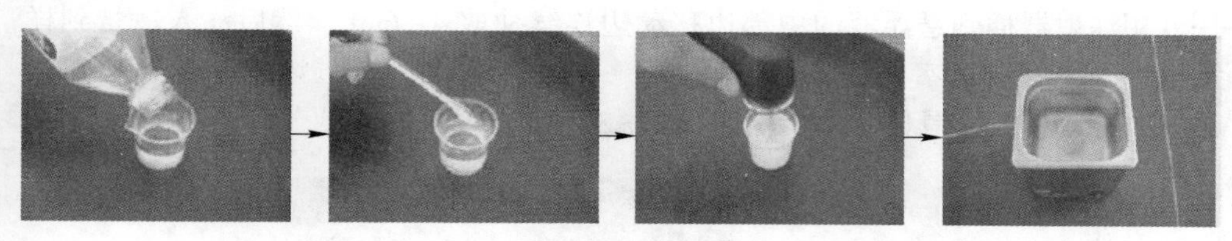

图 21-2　悬浮液的配制与分散

超声波分散处理了。由于样品的种类、粒度以及其他特性的差异，不同种类、不同粒度颗粒的表面能、静电、黏结等特性都不同，所以要使样品得到充分分散，不同种类的样品以及同一种类不同粒度的样品，超声波分散时间也往往不同。表 21-1 列出不同种类和不同粒度的样品所需要的分散时间。

**表 21-1　不同样品的超声波分散时间**　(min)

| 粒度 $D_{50}$/μm | 滑石、高岭土、石墨 | 碳酸钙、锆英砂等 | 铝粉等金属粉 | 其他 |
|---|---|---|---|---|
| >20 | 1~2 | 1~2 | 1~2 | 1~2 |
| 20~10 | 3~5 | 2~3 | 2~3 | 2~3 |
| 10~5 | 5~8 | 2~3 | 2~3 | 2~3 |
| 5~2 | 8~12 | 3~5 | 3~5 | 3~8 |
| 2~1 | 12~15 | 5~7 | 5~7 | 8~12 |
| <1 | 15~20 | 7~10 | 7~10 | 12~15 |

(三) 分散效果的检查方法

显微镜法：将分散过的悬浮液充分搅拌均匀后取少量滴在显微镜载物片上，观察有无颗粒黏结现象。

测量法：分散并搅拌均匀后，取适量到样品池中，在仪器上测试，观察浓度图谱，经过一段分散时间后再测试并观察浓度图谱，如此反复直到所测的浓度图谱的幅度和形状基本一致时，说明前一次的分散效果已经很好了。

(四) 专用微量样品池的清洗方法

将样品池放到水中，将专用的样品池刷蘸少许洗涤剂，将样品池的里外各面洗刷干净，清洗时手持样品池侧面，并注意不要划伤或损坏样品池。洗刷干净后用蒸馏水冲洗，再用纸巾将样品池表面擦干、擦净。

(五) 使用微量样品池的测试步骤

(1) 测试准备。取一个干净的样品池，手持侧面（不得手持正面），加入纯净介质，使液面的高度达到样品池高度的 3/4 左右，装入一个洗干净的搅拌器，将有标记的面朝前，用纸巾将外表面擦干净，把样品池插入到仪器中，压紧搅拌器，盖好测试室上盖，打开搅拌器开关，启动电脑进行背景测试。

(2) 取样。将分散好的悬浮液用搅拌器充分搅拌（搅拌时间一般大于 30s），用专用注射器插到悬浮液的中部边移动边连续抽取 4～6mL，然后注入适量到样品池中，盖好测试室上盖，单击“测量—测试”菜单，进行浓度（遮光率）测试。并记录数据。具体测试步骤如图 21-3 所示。

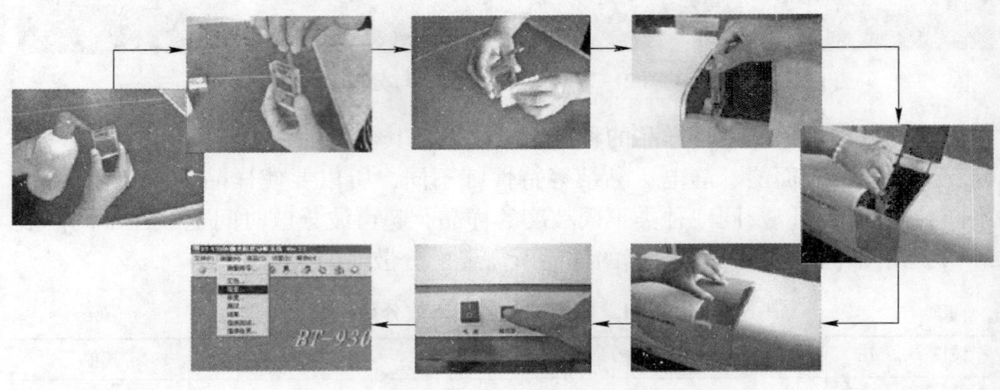

图 21-3　使用微量样品池时的测试步骤

（3）浓度调整。当浓度大于规定值时，则可以向样品池中注入少量介质；浓度小于规定值时，可以从烧杯里重新抽取适量样品注入样品池中，如图 21-4 所示。

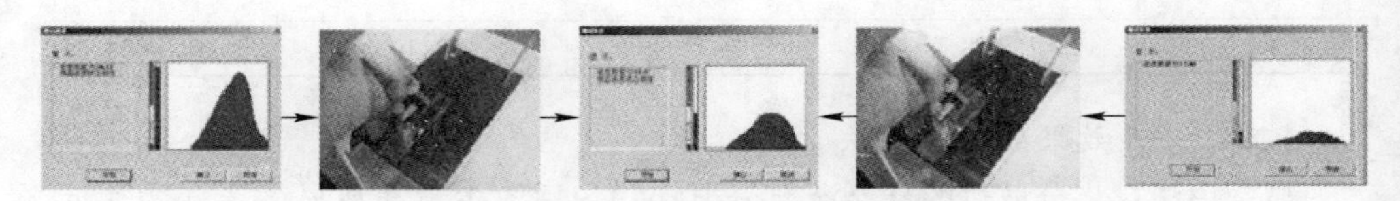

图 21-4　使用微量样品池时的浓度调整方法

## 六、数据记录

将数据记入表 21-2 中。

**表 21-2　粉尘粒径测定结果记录表**

| 日期 | 时间 | 分散介质 | 遮光率 | 中位径 $D_{50}$/μm | 体积平均径 $D_V$/μm | 面积平均径 $D_S$/μm | 比表面积 /$m^2 \cdot kg^{-1}$ | $PM_{10}$累计分布率/% |
|---|---|---|---|---|---|---|---|---|
| | | | | | | | | |
| | | | | | | | | |
| | | | | | | | | |

# 实验 22　道路交通环境中颗粒物污染特性评价

## 一、实验意义和目的

目前，机动车尾气污染已成为城市大气污染的主要来源之一。大量汽车排出的 CO、HC、$NO_x$ 和颗粒物等污染物严重影响了城市的环境质量，威胁着城市居民的身体健康。因此，对道路交通环境中颗粒物进行监测并对其污染特性进行评价是大气污染研究的一项重要的内容。

本实验目的为：

（1）掌握重量法测定环境空气中颗粒物浓度的方法；

（2）掌握粒度分布仪测定颗粒物中粒度分布的方法；

（3）通过对比道路交通与远离道路交通环境（如校内）中颗粒物的浓度及粒度分布，对道路交通环境中颗粒物污染特性进行评价。

## 二、实验原理

通过具有一定切割器特性的采样器，以恒速抽取一定体积的空气，空气中粒径小于 100μm 的悬浮颗粒物被截留在已恒重的滤膜上。根据采样前后滤膜质量之差及采样体积，计算总悬浮颗粒物的浓度。滤膜经处理后，可测定其粒度分布。

本方法适合于用大流量（1.1~1.7$m^3$/min）或中流量（0.05~0.15$m^3$/min）总悬浮颗粒物采样器进行空气中总悬浮颗粒物的测定。方法的检出限为 0.001mg/$m^3$。本实验采用中流量采样法测定。

本实验采用激光粒度分布仪测定颗粒物的粒径分布。

## 三、实验仪器和材料

（1）中流量采样器：流量 50~150L/min，滤膜直径 8~10cm。

（2）流量校准装置：经过罗茨流量计校准的孔口校准器。

（3）气压计。

（4）滤膜：超细玻璃纤维滤膜或聚氯乙烯滤膜。滤膜储存袋及储存盒。

（5）分析天平：感量 0.1mg。

（6）激光粒度分布仪。

（7）超声波分散器。

## 四、测定步骤

（一）环境空气中颗粒物的采集与浓度测定

（1）采样器的流量校准：采样器每月用孔口校准器进行流量校准。

（2）采样：

1）每张滤膜使用前均需用光照检查，不得使用有针孔或有任何缺陷的滤膜采样。

2）将滤膜放在恒温恒湿箱中平衡24h，平衡室温度控制在15～30℃之间，记录下平衡温度与湿度。采用放置于平衡室内的天平称重，读数准确至0.1mg，记下滤膜的编号和质量，将其平展地放在滤膜盒中。

3）将已恒重的滤膜用小镊子取出，绒面向上，平放在采样夹的网托上，拧紧采样夹，按照规定的流量采样。

4）样品采完后，打开采样头，用镊子小心取下滤膜，使采样绒面向里，将滤膜对折，放入号码相同的滤膜袋中。将有关参数及现场温度、大气压力等记录填写在表22-1中。

（3）尘膜的平衡及称重：尘膜在恒温恒湿箱中，与干净滤膜平衡条件相同的温度、湿度下，平衡24h。然后称重滤膜，记下滤膜质量。

（4）计算。环境颗粒物浓度（$mg/m^3$）的计算公式如下：

$$\text{环境颗粒物浓度} = \frac{W}{Q_n t}$$

式中　$W$——采集在滤膜上的总悬浮颗粒物质量，mg；

$t$——采样时间，min；

$Q_n$——标准状态下的采样流量，$m^3/min$，按下式计算：

$$Q_n = Q_1\sqrt{\frac{T_2 p_1}{T_1 p_2}} \times \frac{273 p_2}{101.3 T_2} = Q_1\sqrt{\frac{p_1 p_2}{T_1 T_2}} \times \frac{273}{101.3} = 2.69 Q_1\sqrt{\frac{p_1 p_2}{T_1 T_2}}$$

式中　$Q_1$——现场采样流量，$m^3/min$；

$p_1$——采样器现场校准时大气压力，kPa；

$p_2$——采样时大气压力，kPa；

$T_1$——采样器现场校准时空气温度，K；

$T_2$——采样时的空气温度，K。

若 $T_2$、$p_2$ 与采样器校准时的 $T_1$、$p_1$ 相近，可用 $T_1$、$p_1$ 代之。

（二）颗粒物的粒度分布测试

采用BT-9300H型激光粒度分布仪进行粒度测试，测试前先要将样品分成两份（十字法），分别与纯净水和乙醇（约40mL）配合配置成悬浮液，加入适量分散剂（乙醇中不必放分散剂），搅拌均匀，放入超声波分散器中进行分散。

取一只干净的清洗过的样品池，手持侧面，用专用注射器抽取蒸馏水注入样品池中，蒸馏水高度达到样品池高度的 2/3 左右，用纸巾将外表面擦干净，将有标记的面朝前，插入到仪器中，压紧搅拌器，盖好测试室上盖，打开搅拌器开关，启动电脑进行背景测试。

达到最佳测试效果后用专用注射器从烧杯底部向上吸取悬浮液，放入样品池中，高度达到样品池黑点高度左右，插入到仪器中，压紧搅拌器，盖好测试室上盖，打开搅拌器开关，然后测量其浓度。当浓度大于规定值时，则可以向样品池中再注入少量介质；浓度小于规定值时，可以从烧杯里重新抽取适量样品注入样品池中，最后保存。

打印出颗粒物样品的粒度分布仪测试结果报告单，并对测试结果进行对比分析，得出道路交通环境中颗粒物污染特性。

## 五、数据记录

将数据记录在表 22-1～表 22-3 中。

**表 22-1　颗粒物采样记录**（同时记录车流量）

市（县）________；监测点________

| 日期 | 时间 | 采样温度/K | 采样气压/kPa | 采样器编号 | 滤膜编号 | 流量/L·min$^{-1}$ | | 备注 |
|---|---|---|---|---|---|---|---|---|
| | | | | | | $Q_1$ | $Q_n$ | |
| | | | | | | | | |

**表 22-2　颗粒物浓度分析记录**

| 日期 | 时间 | 滤膜编号 | 流量 $Q_n$ /m$^3$·min$^{-1}$ | 采样时间/min | 采样体积/m$^3$ | 滤膜质量 | | | 颗粒物浓度/mg·m$^{-3}$ |
|---|---|---|---|---|---|---|---|---|---|
| | | | | | | 空膜 | 尘膜 | 差质 | |
| | | | | | | | | | |

**表 22-3　颗粒物粒径分布测定结果记录**

| 日期 | 时间 | 滤膜编号 | 分散介质 | 遮光率 | 中位径 $D_{50}$/μm | 体积平均径 $D_V$/μm | 面积平均径 $D_S$/μm | 比表面积/m$^2$·kg$^{-1}$ | $PM_{10}$累计分布率/% |
|---|---|---|---|---|---|---|---|---|---|
| | | | | | | | | | |

## 六、实验结果与讨论

(1) 道路交通与远离道路交通环境（如校内）中颗粒物的浓度是否超标

(二级标准)？对比两者的大小，并分析其原因。

（2）对比分析道路交通与远离道路交通环境（如校内）中颗粒物粒度分布特征。

（3）总结测试区域道路交通环境中颗粒物的污染特性。

# 实验 23 室内空气污染监测

## 一、实验意义和目的

室内空气污染对人体健康的影响最为显著，与大气环境相比又有其特殊性。室内空气污染监测是评价居住环境的一项重要工作。本实验选择刚装修完和装修已久的不同房间，或者在一个刚装修完房间的不同通风条件下，进行采样分析。

通过本实验应达到以下目的：

(1) 掌握酚试剂分光光度法和离子色谱法测定空气中甲醛浓度的方法；

(2) 掌握气相色谱法测定空气中苯系物的方法；

(3) 掌握纳氏试剂比色法测定空气中氨的方法；

(4) 初步了解影响室内空气的因素。

## 二、空气中甲醛浓度的测定

甲醛的测定方法有乙酰丙酮分光光度法、变色酸分光光度法、酚试剂分光光度法、离子色谱法等。其中乙酰丙酮分光光度法灵敏度略低，但选择性较好，操作简便，重现性好，误差小；变色酸分光光度法显色稳定，但使用很浓的强酸，使操作不便，且共存的酚干扰测定；酚试剂分光光度法灵敏度高，在室温下即可显色，但选择性较差，该法是目前测定甲醛最好的方法；离子色谱法是新方法，建议试用。近年来随着室内污染监测的开展，出现了无动力取样分析方法，该法简单、易行，是一种较理想的室内测定方法。

## 三、酚试剂分光光度法

### (一) 实验原理

甲醛与酚试剂反应生成嗪，在高铁离子存在下，嗪与酚试剂的氧化产物反应生成蓝绿色化合物。在波长 630nm 处，用分光光度法测定，反应方程式如下：

A(嗪)

B

A+B $\xrightarrow[{[O]}]{Fe^{3+}}$ (蓝绿色)

采样体积为5mL时，本法检出限为0.02μg/mL，当采样体积为10mL时，最低检出浓度为0.01mg/$m^3$。

（二）实验仪器和试剂

1. 仪器

（1）大型气泡吸收管：10只，10mL；（2）空气采样器：1台，流量范围0~2L/min；（3）具塞比色管：10只，10mL；（4）分光光度计：1台。

2. 试剂

吸收液：称取0.10g酚试剂（3-甲基一苯并噻唑胺，$C_6H_4SH(CH_3)C:NNH_2 \cdot HCl$，简称MBTH），溶于水中，稀释至100mL，即为吸收原液，储存于棕色瓶中，在冰箱可以稳定3天。采样时取5.0mL原液加入95mL水，即为吸收液。

硫酸铁铵溶液（10g/L）：称取1.0g硫酸铁铵，用0.10mol/L盐酸溶液溶解，并稀释至100mL。

硫代硫酸钠标准溶液（0.1mol/L）：称取26g硫代硫酸钠（$Na_2S_2O_3 \cdot 5H_2O$）和0.2g无水碳酸钠溶于1000mL水中，加入10mL异戊醇，充分混合，贮于棕色瓶中。

甲醛标准溶液：量取10mL浓度为36%~38%的甲醛，用水稀释至500mL，用碘量法标定甲醛溶液浓度。使用时，先用水稀释成每毫升含10.0μg甲醛的溶液，然后立即吸取10.00mL此稀释溶液于10mL容量瓶中，加5.0mL吸收原液，再用水稀释至标线。此溶液每毫升含1.0μg甲醛。放置30min后，用此溶液配置标准色列，此标准溶液可稳定24h。

标定方法：吸取5.00mL甲醛溶液于250mL碘量瓶中，加入40.00mL

0.10mol/L碘溶液，立即逐滴加入浓度为30%的氢氧化钠溶液，至颜色退至淡黄色为止。放置10min，用5.0mL盐酸溶液（1∶5）酸化（空白滴定时需多加2mL）。置暗处放10min，加入100~150mL水，用0.1mol/L硫代硫酸钠标准溶液滴定至淡黄色，加1.0mL新配制的5%淀粉指示剂，继续滴定至蓝色刚刚退去。

另取5mL水，同上法进行空白滴定。

按下式计算甲醛溶液浓度：

$$\rho_t = \frac{(V - V_0)c_{Na_2S_2O_3} \times 15.0}{5.00} \tag{23-1}$$

式中　$\rho_t$——被标定的甲醛溶液的浓度，g/L；

$V_0$，$V$——分别为滴定空白溶液、甲醛溶液所消耗的硫代硫酸钠标准溶液体积，mL；

$c_{Na_2S_2O_3}$——硫代硫酸钠标准溶液浓度，mol/L；

15.0——与1L 1mol/L硫代硫酸钠标准溶液等当量的甲醛质量，g。

（三）采样与测定

1. 采样

用内装5.0mL吸收液的气泡吸收管，以5.0L/min流量，采气10L。

2. 测定

（1）标准曲线的绘制：用8支10mL比色管，按表23-1配制标准色列。然后向各管中加入1%硫酸铁铵溶液0.40mL摇匀。在室温下（8~35℃）显色20min。在波长630nm处，用1cm比色皿，以水为参比，测定吸光度。以吸光度对甲醛含量（μg）绘制标准曲线。

**表23-1　甲醛标准色列**

| 管　号 | 0 | 1 | 2 | 3 | 4 | 5 | 6 | 7 |
|---|---|---|---|---|---|---|---|---|
| 甲醛标准溶液/mL | 0 | 0.10 | 0.20 | 0.40 | 0.60 | 0.80 | 1.00 | 1.50 |
| 吸收液/mL | 5.00 | 4.90 | 4.80 | 4.60 | 4.40 | 4.20 | 4.00 | 3.50 |
| 甲醛含量/μg | 0 | 0.10 | 0.20 | 0.40 | 0.60 | 0.80 | 1.00 | 1.50 |

（2）样品的测定：采样后，将样品溶液移入比色皿中，用少量吸收液洗涤吸收管、洗涤液并入比色管，使总体积为5.0mL。室温下（8~35℃）放置80min后，其他操作同标准曲线的绘制。

（四）实验结果计算

$$\rho_f = m/V_N \tag{23-2}$$

式中　$\rho_f$——空气中总甲醛的含量，$mg/m^3$；

$m$——样品中甲醛含量，μg；

$V_N$——标准状态下采样体积，L。

（五）实验注意事项

（1）绘制标准曲线时与样品测定时温差不超过20℃。

（2）标定甲醛时，在摇动下逐滴加入30%氢氧化钠溶液，至颜色明显减退，再摇片刻，待退成淡黄色，放置应退至无色。若碱加入量过多，则5mL盐酸溶液（1∶5）不足以使溶液酸化。

（3）当与二氧化硫共存时，会使结果偏低。可以在采样时，使气样先通过装有硫酸锰滤纸的过滤器，排除干扰。

## 四、空气中苯系物的浓度测定

测定环境空气中苯系物的浓度，可采用活性炭吸附取样或低温冷凝取样，然后用气相色谱法测定。常见的测定方法及特点见表23-2，下面重点介绍DNP+Bentane柱（$CS_2$解吸）法。

（一）实验原理

实验原理见表23-2。

**表23-2 环境空气中苯系物各种气相色谱测定方法及性能比较**

| 测定方法 | 原理 | 测定原理 | 特点 |
| --- | --- | --- | --- |
| DNP+Bentane柱（$CS_2$解吸）法 | 用活性炭吸附采样管富集空气中苯、甲苯、乙苯、二甲苯后，加二硫化碳解吸，经DNP+Bentane色谱柱分离，用火焰离子化检测器测定。以保留时间定性，峰高（或峰面积）外标法定量 | 当采样体积为100L时，最低检出浓度：苯0.005mg/m$^3$，甲苯0.004mg/m$^3$，二甲苯及乙苯均为0.010mg/m$^3$ | 可同时分离测定空气中丙酮、苯乙烯、乙酸戊酯，测定面广 |
| PEG-6000柱（$CS_2$解吸进样）法 | 用活性炭管采集空气中苯、甲苯、二甲苯，用二硫化碳解吸进样，经PEG-6000柱分离后，用氢焰离子化监测器监测，以保留时间定性，峰高定量 | 对苯、甲苯、二甲苯的检测限分别为：$0.5\times10^{-3}$μg、$1\times10^{-3}$μg、$2\times10^{-3}$μg（进样1μL液体样品） | 只能测苯、甲苯、二甲苯、苯乙烯 |
| PEG-6000柱（热解吸进样法） | 用活性炭采集苯、甲苯、二甲苯，热解吸后进样，经PEG-6000柱分离后，用氢焰离子化检测器检测，以保留时间定性，峰高定量 | 对苯、甲苯、二甲苯的检测限分别为$0.5\times10^{-3}$μg、$1\times10^{-3}$μg、$2\times10^{-3}$μg（进样1μL液体样品） | 解吸方便，效率高 |
| 邻苯二甲酸二壬酯—有机皂土柱 | 苯、甲苯、二甲苯气样在-78℃浓缩富集，经邻苯二甲酸二壬酯及有机皂土色谱柱分离，用氢火焰离子化检测器测定 | 检出限：苯0.4mg/m$^3$、二甲苯1.0mg/m$^3$（1mL气样） | 样品不稳定，需尽快分析 |

（二）实验仪器和试剂

1. 仪器

（1）容量瓶：5mL、100mL各10个。

（2）吸管：若干，1~20mL。

（3）微量注射器：1 支，10μL。

（4）气相色谱仪：1 台，配有火焰离子化检测器。色谱柱为长 2m、内径 3mm 的不锈钢柱，柱内填充涂履 2. 5%DNP 及 2. 5%Bentane 的 Chromosorb W HP-DMCS(80~100 目)。

（5）空气采样器：流量 0~1L/min。

（6）活性炭吸附采样管：10 只，长 10cm、内径 6mm 的玻璃管，内装 20~50 目粒状活性炭 0. 5g（活性炭预先在马弗炉内经 350℃灼烧 3h，放冷后备用），分 A、B 两段，中间用玻璃棉隔开。

2. 试剂

（1）苯系物：苯、甲苯、乙苯、邻二甲苯、对二甲苯、间二甲苯均为色谱纯试剂。

（2）二硫化碳（$CS_2$）：使用前必须纯化，并经色谱检验。进样 5μL，在苯与甲苯峰之间不出峰方可使用。

（3）苯系物标准储备液：分别吸取苯、甲苯、乙苯、二甲苯各 10. 0μL 于装有 90mL 经纯化的 $CS_2$ 的 100mL 容量瓶中，用 $CS_2$ 稀释至标线，再取此标液 10. 0mL 于装有 80mL $CS_2$ 的 100mL 容量瓶中，并稀释至标线。此储备液每毫升含苯 8. 8μg、甲苯 8. 7μg、对二甲苯 8. 6μg、间二甲苯 8. 7μg 和邻二甲苯 8. 8μg。在 4℃可保存 1 个月。

（三）采样与测定

1. 采样

用乳胶管连接采样管 B 端与空气采样器的进气口，并垂直放置，以 0. 5L/min 流量，采样 100~400min。采样后，用乳胶管将采样管两端套封，10d 内测定。

2. 测定

（1）色谱条件的选择。按以下各项选择色谱条件。

柱温：64℃；

气化室温度：150℃；

检测室温度：150℃；

载气（氮气）流量：50mL/min；

燃气（氢气）流量：46mL/min；

助燃气（空气）流量：320mL/min。

（2）标准曲线的绘制。分别取各苯系物储备液 0. 5mL、10. 0mL、15. 0mL、20. 0mL、25. 0mL 于 100mL 容量瓶中，用 $CS_2$ 稀释至标线，摇匀。其浓度见表 23-3。

表 23-3 苯系物各品种不同浓度的配置表

| 编　号 | 0 | 1 | 2 | 3 | 4 | 5 |
|---|---|---|---|---|---|---|
| 苯、邻二甲苯标准储备液体积/mL | 0 | 5.0 | 10.0 | 15.0 | 20.0 | 25.0 |
| 稀释至 100mL 后的浓度①/mg · L$^{-1}$ | 0 | 0.44 | 0.88 | 1.32 | 1.76 | 2.20 |
| 甲苯、乙苯、间二甲苯标准储备液体积/mL | 0 | 5.0 | 10.0 | 15.0 | 20.0 | 25.0 |
| 稀释至 100mL 后的浓度①/mg · L$^{-1}$ | 0 | 0.44 | 0.87 | 1.31 | 1.74 | 2.18 |
| 对二甲苯标准储备液体积/mL | 0 | 5.0 | 10.0 | 15.0 | 20.0 | 25.0 |
| 稀释至 100mL 后的浓度①/mg · L$^{-1}$ | 0 | 0.43 | 0.86 | 1.29 | 1.72 | 2.15 |

①严格地说，应称为质量浓度。

另取 6 支 5mL 容量瓶，各加入 0.25g 粒状活性炭及 0~5 号的苯系物标液 2.00mL，振荡 2min，放置 20min 后，在上述色谱条件下，各进样 5.0μL，按所用气相色谱仪的操作要求测定标样的保留时间即峰高（峰面积），色谱管柱色谱图如图 23-1 所示。绘制峰高（或峰面积）与含量之间关系的标准曲线。

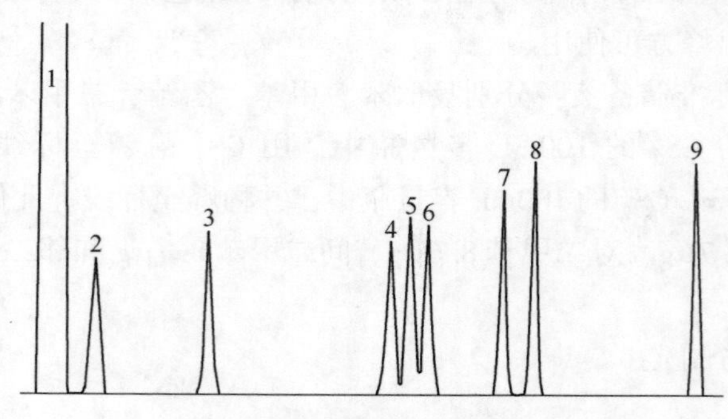


图 23-1 色谱管柱色谱图

1—二氧化碳；2—苯；3—甲苯；4—乙苯；5—对二甲苯；
6—间二甲苯；7—异丙苯；8—邻二甲苯；9—苯乙烯

（3）样品的测定。将采样管 A 段和 B 段活性炭分别移入 2 只 5mL 容量瓶中，加入纯化过的二硫化碳 $CS_2$ 2.00mL，振荡 2min，放置 20min 后，吸取 5.0μL 解吸液注入色谱仪，记录保留时间和峰高（或峰面积）。以保留时间定性，峰高（或峰面积）定量。

（四）实验结果计算

空气中苯系物各成分的含量的计算公式如下：

$$\rho = \frac{m_1 + m_2}{V_N} \tag{23-3}$$

式中 $\rho$——空气中苯系物各成分的含量，mg/m$^3$；

$m_1$——A 段活性炭解吸液中苯系物的含量，μg；

$m_2$——B段活性炭解吸液中苯系物的含量，μg；

$V_N$——标准状态下的采样体积，L。

（五）实验注意事项

（1）本法同样适用于空气中丙酮、苯乙烯、乙酸乙酯、乙酸丁酯、乙酸戊酯的测定。在以上色谱条件下，其比保留时间见表23-4。

**表23-4　各组分的比保留时间**　（min）

| 组分 | 丙酮 | 乙酸乙酯 | 苯 | 甲苯 | 乙酸丁酯 | 乙苯 |
|---|---|---|---|---|---|---|
| 比保留时间 | 0.65 | 0.76 | 1.00 | 1.89 | 2.53 | 3.50 |
| 组分 | 对二甲苯 | 间二甲苯 | 邻二甲苯 | 乙酸戊酯 | 苯丙烯 | |
| 比保留时间 | 3.80 | 4.35 | 5.01 | 5.55 | 6.94 | |

（2）空气中苯系物浓度在0.1mg/m³左右时，可用100mL注射器采样，气样在常温下浓缩后，再加热解吸，用气相色谱法测定。

（3）市售活性炭、玻璃棉须经空白检验后，方能使用。检验方法是取用量为一支活性炭吸附采样管的玻璃棉和活性炭（分别约为0.1g和0.5g），加纯化过的$CS_2$ 2mL振荡2min，放置20min，进样5μL，观察待测物位置是否有干扰峰。无干扰峰时方可应用，否则要预先处理。

（4）市售分析纯$CS_2$常含有少量苯与甲苯，须纯化后才能使用。纯化方法：取1mL甲醛与100mL浓硫酸混合。取500mL分液漏斗一支，加入市售$CS_2$ 250mL和甲醛-浓硫酸萃取液20mL，振荡分层。经多次萃取至$CS_2$呈无色后，再用20% $Na_2CO_3$水溶液洗涤2次，重蒸馏，截取46~47℃馏分。

## 五、空气中氨的浓度测定

环境空气中氨的浓度一般都较低，故常采用比色法。最常用的比色法有纳氏试剂比色法、次氯酸钠-水杨酸比色法和靛酚蓝比色法。其中纳氏试剂比色法操作简便，但选择性较差，且呈色胶体不十分稳定，易受醛类和硫化物的干扰；次氯酸钠-水杨酸比色法较灵敏，选择性好，但操作较复杂；靛酚蓝比色法灵敏度高，呈色较为稳定，干扰少，但操作条件要求严格。下面重点介绍纳氏试剂比色法。

（一）试验原理

在稀硫酸溶液中，氨与纳氏试剂作用生成黄棕色化合物，根据颜色深浅，用分光光度法测定。反应式如下：

$$2K_2HgI_4 + 3KOH + NH_3 \rightleftharpoons O\left\langle\begin{matrix}Hg\\Hg\end{matrix}\right\rangle NH_2I + 7KI + 2H_2O$$

黄棕色

本法检出限为0.6μg/(10mL)（按与吸光度0.01相对应的氨含量计），当采样体积为20L时，最低检出浓度为0.03mg/m³。

（二）实验仪器和试剂

1. 仪器

（1）大型气泡吸收管，10支，10mL。

（2）空气采样器：1台，流量范围为0~1L/min。

（3）分光光度计：1台。

（4）容量瓶：2个，250mL。

（5）具塞比色管：20支，10mL。

（6）吸管：若干，0.10~1.00mL。

2. 试剂

（1）吸收液：硫酸溶液（0.01mol/L）。

（2）纳氏试剂：称取5.0g碘化钾，溶于5.0mL水，另取2.5g氯化汞（$HgCl_2$）溶于10mL热水。将氯化汞溶液缓慢加到碘化钾溶液中，不断搅拌，直到形成的红色沉淀（$HgI_2$）不溶为止。冷却后，加入氢氧化钾溶液（15.0g氢氧化钾溶于30mL水），用水稀释至100mL，再加入0.5mL氯化汞溶液，静置1d。将上清液贮于棕色细口瓶中，盖紧橡皮塞，存入冰箱，可使用1个月。

（3）酒石酸钾钠溶液：称取50.0g酒石酸钾钠（$KNaC_4H_4O_6 \cdot 4H_2O$），溶解于水中，加热煮沸以去除氨，放冷，稀释至100mL。

（4）氯化铵标准储备液：称取0.7855g氯化铵，溶解于水，移入250mL容量瓶中，用水稀释至标线，此溶液每毫升相当于含1000μg氨。

（5）氯化铵标准溶液：临用时，吸取氯化铵标准储备液5.00mL于250mL容量瓶中，用水稀释至标线，此溶液每毫升相当于含20.0μg氨。

（三）采样与测定

1. 采样

用一个内装10mL吸收液的大型气泡吸收管，以1L/min流量采样。采样体积为20~30L。

2. 测定

（1）标准曲线的绘制：取6支10mL具塞比色管，按表23-5配制标准色列。

**表23-5　氯化氨标准色列**

| 管号 | 0 | 1 | 2 | 3 | 4 | 5 |
|---|---|---|---|---|---|---|
| 氯化氨标准溶液/mL | 0 | 0.10 | 0.20 | 0.50 | 0.70 | 1.00 |
| 水/mL | 10.00 | 9.90 | 9.80 | 9.50 | 9.30 | 9.00 |
| 氨含量/μg | 0 | 2.0 | 4.0 | 10.0 | 14.0 | 20.0 |

在管中加入酒石酸钾钠溶液 0.20mL 摇匀，再加纳氏试剂 0.20mL，放置 10min（室温低于 20℃时，放置 15~20min）。用 1cm 比色皿，于波长 420nm 处，以水为参比，测定吸光度。以吸光度对氨含量（μg）绘制标准曲线。

（2）样品的测定：采样后，将样品溶液移入 10mL 具塞比色管中，用少量吸收液洗涤吸收管，洗涤液并入比色管，用吸收液稀释至 10mL 标线，以下步骤同标准曲线的绘制。

（四）实验结果计算

$$\rho_{NH_3} = m/V_N \tag{23-4}$$

式中　$m$——样品溶液中的氨含量，μg；

$V_N$——标准状态下的采样体积，L；

$\rho_{NH_3}$——空气中氨的含量，$mg/m^3$。

（五）实验注意事项

（1）本法测定的是空气中氨气和颗粒物中铵盐的总量，不能分别测定两者浓度。

（2）为降低试剂空白值，所有试剂均用无氨水配制。无氨水配制方法：于普通蒸馏水中，加少量高锰酸钾至浅紫红色，再加少量氢氧化钠至呈碱性，蒸馏，取中间蒸馏部分的水，加少量硫酸呈微酸性，再重新蒸馏一次即可。

（3）在氯化铵标准储备液中加 1~2 滴氯仿，可以抑制微生物的生长。

（4）若在吸收管上做好 10mL 标记，采样后用吸收液补充体积至 10mL，可代替具塞比色管直接在其中显色。

（5）用 72 型分光光度计，于波长 420nm 处测定时，应采用 10V 电压。

（6）硫化氢、三价铁等金属离子会干扰氨的测定。加入酒石酸钾钠，可以消除三价铁离子的干扰。

# 实验 24　大气中总悬浮颗粒物的测定

## 一、实验方法原理

用重量法测定大气中总悬浮颗粒物的方法一般分为大流量（1.1~1.7$m^3$/min）和中流量（0.05~0.15$m^3$/min）采样法。其原理基于：抽取一定体积的空气，使之通过已恒重的滤膜，则悬浮微粒被阻留在滤膜上，根据采样前后滤膜质量之差及采气体积，即可计算总悬浮颗粒物的质量浓度。本实验采用中流量采样法测定。

## 二、实验仪器

（1）中流量采样器：流量 50~150L/min，滤膜直径 8~10cm。

（2）流量校准装置：经过罗茨流量计校准的孔口校准器。

（3）气压计。

（4）滤膜：超细玻璃纤维滤膜或聚氯乙烯滤膜。

（5）滤膜储存袋及储存盒。

（6）分析天平：感量 0.1mg。

## 三、测定步骤

### （一）采样器的流量校准

采样器每月用孔口校准器进行流量校准。

### （二）采样

（1）每张滤膜使用前均需用光照检查，不得使用有针孔或有任何缺陷的滤膜采样。

（2）迅速称重在平衡室内已平衡 24h 的滤膜，读数准确至 0.1mg，记下滤膜的编号和重量，将其平展地放在光滑洁净的纸袋内，然后储存于盒内备用。天平放置在平衡室内，平衡室温度在 20~25℃之间，温度变化小于±3℃，相对湿度小于 50%，湿度变化小于 5%。

（3）将已恒重的滤膜用小镊子取出，“毛”面向上，平放在采样夹的网托上，拧紧采样夹，按照规定的流量采样。

（4）采样 5min 后和采样结束前 5min，各记录一次 U 形压力计的压差值。若有流量记录器，则直接记录流量。测定日平均浓度一般从 8:00 开始采样至第二天 8:00 结束。若污染严重，可用几张滤膜分段采样，合并计算日平均浓度。

（5）采样后，用镊子小心取下滤膜，使采样“毛”面朝内，以采样有效面积的长边为中线对叠好，放回表面光滑的纸袋并贮于盒内。将有关参数及现场温度、大气压力等记录填写在表 24-1 中。

**表 24-1　总悬浮颗粒物采样记录**

市（县）________；监测点________

| 日期 | 时间 | 采样温度/K | 采样气压/kPa | 采样器编号 | 滤膜编号 | 压差值/cm $H_2O$① | | | 流量/$m^3 \cdot min^{-1}$ | | 备注 |
|---|---|---|---|---|---|---|---|---|---|---|---|
| | | | | | | 开始 | 结束 | 平均 | $Q_2$ | $Q_n$ | |
| | | | | | | | | | | | |

①1cm $H_2O$=________Pa。

（三）样品测定

将采样后的滤膜在平衡室内平衡 24h，迅速称重，结果及有关参数记录于表 24-2 中。

**表 24-2　总悬浮颗粒物浓度测定记录**

市（县）________；监测点________

| 日期 | 时间 | 滤膜编号 | 流量 $Q_n$ /$m^3$ | 采样体积 /$m^3 \cdot min^{-1}$ | 滤膜重量/g | | | 总悬浮颗粒物浓度/$mg \cdot m^{-3}$ |
|---|---|---|---|---|---|---|---|---|
| | | | | | 采样前 | 采样后 | 样品重 | |
| | | | | | | | | |

分析者________；审核者________

## 四、计算

总悬浮颗粒物（TSP）含量（$mg/m^3$）按下式计算：

$$总悬浮颗粒物含量=\frac{W}{Q_n t}$$

式中　$W$——采集在滤膜上的总悬浮颗粒物质量，mg；

$t$——采样时间，min；

$Q_n$——标准状态下的采样流量，$m^3/min$，按下式计算：

$$Q_n=Q_2\sqrt{\frac{T_3 p_2}{T_2 p_3}}\times\frac{273 p_3}{101.3 T_3}=Q_2\sqrt{\frac{p_2 p_3}{T_2 T_3}}\times\frac{273}{101.3}=2.69 Q_2\sqrt{\frac{p_2 p_3}{T_2 T_3}}$$

式中　$Q_2$——现场采样流量，$m^3/min$；

$p_2$——采样器现场校准时大气压力，kPa；

$p_3$——采样时大气压力，kPa；

$T_2$——采样器现场校准时空气温度，K；

$T_3$——采样时的空气温度，K。

若 $T_3$、$p_3$ 与采样器校准时的 $T_2$、$p_2$ 相近，可用 $T_2$、$p_2$ 代之。

## 五、注意事项

（1）滤膜称重时的质量控制：取清洁滤膜若干张，在平衡室内平衡 24h，称重。每张滤膜称 1 次以上，则每张滤膜的平均值为该张滤膜的原始质量，此为标准滤膜。每次称清洁或样品滤膜的同时，称量两张标准滤膜，若称出的质量在原始质量±5mg 范围内，则认为该批样品滤膜称量合格，否则应检查称量环境是否符合要求，并重新称量该批样品滤膜。

（2）要经常检查采样头是否漏气。当滤膜上颗粒物与四周白边之间的界线逐渐模糊，则表明应更换面板密封垫。

（3）称量不带衬纸的聚氯乙烯滤膜时，在取放滤膜时，用金属镊子触一下天平盘，以消除静电的影响。

# 实验 25　大气中二氧化硫的测定

## 一、实验方法原理

大气中的二氧化硫被四氯汞钾溶液吸收后，生成稳定的二氯亚硫酸盐配合物，此配合物再与甲醛及盐酸副玫瑰苯胺发生反应，生成紫红色的配合物，据其颜色深浅，用分光光度法测定。按照所用的盐酸副玫瑰苯胺使用液含磷酸多少，分为两种操作方法：方法一，含磷酸量少，最后溶液的 pH 值为 1.6±0.1；方法二，含磷酸量多，最后溶液的 pH 值为 1.2±0.1，是我国暂选为环境监测系统的标准方法。本实验采用方法二测定。

## 二、实验仪器

（1）多孔玻板吸收管（用于短时间采样），多孔玻板吸收瓶（用于 24h 采样）。

（2）空气采样器：流量 0~1L/min。

（3）分光光度计。

## 三、实验试剂

（1）0.04mol/L 四氯汞钾吸收液：称取 10.9g 氯化汞（$HgCl_2$）、6.0g 氯化钾和 0.070g 乙二胺四乙酸二钠盐（EDTA-$Na_2$），溶解于水，稀释至 1000mL。此溶液在密闭容器中储存，可稳定 6 个月。如发现有沉淀，不能再用。

（2）2.0g/L 甲醛溶液：量取 36%～38% 甲醛溶液 1.1mL，用水稀释至 200mL，临用现配。

（3）6.0g/L 氨基磺酸铵溶液：称取 0.60g 氨基磺酸铵（$H_2NSO_3NH_4$），溶解于 100mL 水中，临用现配。

（4）碘储备液（0.10mol/L）：称取 12.7g 碘于烧杯中加入 40g 碘化钾和 25mL 水，搅拌至全部溶解后，用水稀释至 1000mL，贮于棕色试剂瓶中。

（5）碘使用液（0.010mol/L）：量取 50mL 碘储备液，用水稀释至 500mL，贮于棕色试剂瓶中。

（6）2g/L 淀粉指示剂：称取 0.20g 可溶性淀粉，用少量水调成糊状，慢慢倒入 100mL 沸水中，继续煮沸直至溶液澄清，冷却后贮于试剂瓶中。

（7）碘酸钾标准溶液（$c_{1/6KIO_3}$ = 0.1000mol/L）：称取 3.5668g 碘酸钾 $KIO_3$（优级纯，110℃烘干 2h），溶解于水，移入 1000mL 容量瓶中，用水稀释至标线。

（8）盐酸溶液（$c_{HCl}=1.2mol/L$）：量取 100mL 浓盐酸，用水稀释至 1000mL。

（9）硫代硫酸钠储备液（$c_{Na_2S_2O_3}\approx 0.1mol/L$）：称取 25g 硫代硫酸钠（$Na_2S_2O_3 \cdot 5H_2O$），溶解于 1000mL 新煮沸并已冷却的水中，加 0.20g 无水碳酸钠，贮于棕色瓶中，放置一周后标定其浓度。若溶液呈现浑浊时，应该过滤。

标定方法：吸取碘酸钾标准溶液 25.00mL，置于 250mL 碘量瓶中，加 70mL 新煮沸并已冷却的水，加 1.0g 碘化钾，振荡至完全溶解后，再加 1.2mol/L 盐酸溶液 10.0mL，立即盖好瓶塞，混匀。在暗处放置 5min 后，用硫代硫酸钠溶液滴定至淡黄色，加淀粉指示剂 5mL，继续滴定至蓝色刚好消失。按下式计算硫代硫酸钠溶液的浓度：

$$c=\frac{25.00\times 0.1000}{V}$$

式中　$c$——硫代硫酸钠溶液浓度，mol/L；

$V$——消耗硫代硫酸钠溶液的体积，mL。

（10）硫代硫酸钠标准溶液：取 50.00mL 硫代硫酸钠储备液于 500mL 容量瓶中，用新煮沸并已冷却的水稀释至标线，计算其准确浓度。

（11）亚硫酸钠标准溶液：称取 0.20g 亚硫酸钠（$Na_2SO_3$）及 0.010g 乙二胺四乙酸二钠，将其溶解于 200mL 新煮沸并已冷却的水中，轻轻摇匀（避免振荡，以防充氧）。放置 2~3h 后标定。此溶液每毫升相当于含 320~400μg 二氧化硫。

标定方法：取四个 250mL 碘量瓶（$A_1$、$A_2$、$B_1$、$B_2$），分别加入 0.010mol/L 碘溶液 50.00mL。在 $A_1$、$A_2$ 瓶内各加 25mL 水，在 $B_1$ 瓶内加入 25.00mL 亚硫酸钠标准溶液，盖好瓶塞。立即吸取 2.00mL 亚硫酸钠标准溶液于已加有 40~50mL 四氯汞钾溶液的 100mL 容量瓶中，使其生成稳定的二氯亚硫酸盐配合物。再吸取 25.00mL 亚硫酸钠标准溶液于 $B_2$ 瓶内，盖好瓶塞。用四氯汞钾吸收液将 100mL 容量瓶中的溶液稀释至标线。

$A_1$、$A_2$、$B_1$、$B_2$ 四瓶于暗处放置 5min 后，用 0.01mol/L 硫代硫酸钠标准溶液滴定至浅黄色，加 5mL 淀粉指示剂，继续滴定至蓝色刚好退去。平行滴定所用硫代硫酸钠溶液体积之差应不大于 0.05mL。

所配 100mL 容量瓶中的亚硫酸钠标准溶液相当于二氧化硫的浓度（μg/mL）由下式计算：

$$SO_2\text{浓度}=\frac{(V_0-V)\times c\times 32.02\times 1000}{25.00}\times\frac{2.00}{100}$$

式中　$V_0$——滴定 A 瓶时所用硫代硫酸钠标准溶液体积的平均值，mL；

$V$——滴定 B 瓶时所用硫代硫酸钠标准溶液体积的平均值，mL；

$c$——硫代硫酸钠标准溶液的准确浓度，mol/L；

32.02——相当于 1mmol/L 硫代硫酸钠溶液的二氧化硫（$1/2SO_2$）的质量，mg。

根据以上计算的二氧化硫标准溶液的浓度，再用四氯汞钾吸收液稀释成每毫升含 2.0μg 二氧化硫的标准溶液，此溶液用于绘制标准曲线，在冰箱中存放，可稳定 20d。

（12）0.2%盐酸副玫瑰苯胺（PRA，即对品红）储备液：称取 0.20g 经提纯的盐酸副玫瑰苯胺，溶解于 100mL，1.0mol/L 盐酸溶液中。

（13）磷酸溶液（$c_{H_3PO_4}$ = 3mol/L）：量取 41mL 85%浓磷酸，用水稀释至 200mL。

（14）0.016%盐酸副玫瑰苯胺使用液：吸取 0.2%盐酸副玫瑰苯胺储备液 20.00mL 于 250mL 容量瓶中，加 3mol/L 磷酸溶液 200mL，用水稀释至标线。至少放置 24h 方可使用。存于暗处，可稳定 9 个月。

## 四、测定步骤

（一）标准曲线的绘制

取 8 支 10mL 具塞比色管，按表 25-1 所列参数配制标准色列。

**表 25-1　标准溶液配制的参数表**

| 项　目 | 色列管编号 | | | | | | | |
|---|---|---|---|---|---|---|---|---|
| | 0 | 1 | 2 | 3 | 4 | 5 | 6 | 7 |
| 2.0μg/mL 亚硫酸钠标准溶液/mL | 0 | 0.60 | 1.00 | 1.40 | 1.60 | 1.80 | 2.20 | 2.70 |
| 四氯汞钾吸收液/mL | 5.00 | 4.40 | 4.00 | 3.60 | 3.40 | 3.20 | 2.80 | 2.30 |
| 二氧化硫含量/μg | 0 | 1.2 | 2.0 | 2.8 | 3.2 | 3.6 | 4.4 | 5.4 |

在以上各管中加入 6.0g/L 氨基磺酸铵溶液 0.50mL，摇匀。再加 2.0g/L 甲醛溶液 0.50mL 及 0.016%盐酸副玫瑰苯胺使用液 1.50mL，摇匀。当室温为 15～20℃时，显色 30min；室温为 20～25℃时，显色 20min；室温为 25～30℃时，显色 15min。用 1cm 比色皿，于 575nm 波长处，以水为参比，测定吸光度。以吸光度对二氧化硫含量（μg）绘制标准曲线，或用最小二乘法计算出回归方程式。

（二）采样

（1）短时间采样：用内装 5mL 四氯汞钾吸收液的多孔玻璃吸收管以 0.5L/min 流量采样 10～20L。

（2）24h 采样：测定 24h 平均浓度时，用内装 50mL 吸收液的多孔玻璃板吸收瓶以 0.2L/min 流量，10～16℃恒温采样。

（三）样品测定

样品浑浊时，应离心分离除去。采样后样品放置 20min，以使臭氧分解。

（1）短时间样品：将吸收管中的吸收液全部移入 10mL 具塞比色管内，用少量水洗涤吸收管，洗涤液并入具塞比色管中，使总体积为 5mL。加 6g/L 氨基磺酸铵溶液0.50mL，摇匀，放置10min，以除去氮氧化物的干扰。以下步骤同标准曲线的绘制。

（2）24h样品：将采集样品后的吸收液移入50mL容量瓶中，用少量水洗涤吸收瓶，洗涤液并入容量瓶中，使溶液总体积为50.0mL，摇匀。吸取适量样品溶液置于10mL具塞比色管中，用吸收液定容为5.00mL。

## 五、计算

大气中二氧化硫含量（$mg/m^3$）的计算公式如下：

$$二氧化硫含量 = \frac{W}{V_n} \times \frac{V_t}{V_a}$$

式中　$W$——测定时所取样品溶液中二氧化硫含量（由标准曲线查知），μg；

$V_t$——样品溶液总体积，mL；

$V_a$——测定时所取样品溶液体积，mL；

$V_n$——标准状态下的采样体积，L。

## 六、注意事项

（1）温度对显色影响较大，温度越高，空白值越大。温度高时显色快，退色也快，最好用恒温水浴控制显色温度。

（2）对品红试剂必须提纯后方可使用，否则，其中所含杂质会引起试剂空白值增高，使方法灵敏度降低。已有经提纯合格的0.2%对品红溶液出售。

（3）六价铬能使紫红色配合物退色，产生负干扰，故应避免用硫酸-铬酸洗液洗涤所用玻璃器皿，若已用此洗液洗过，则需用（1+1）盐酸溶液浸洗，再用水充分洗涤。

（4）用过的具塞比色管及比色皿应及时用酸洗涤，否则红色难于洗净。具塞比色管用（1+4）盐酸溶液洗涤，比色皿用（1+4）盐酸加1/3体积乙醇混合液洗涤。

（5）四氯汞钾溶液为剧毒试剂，使用时应小心，如溅到皮肤上，立即用水冲洗。使用过的废液要集中回收处理，以免污染环境。

# 实验 26　大气中氮氧化物的测定

## 一、实验方法原理

大气中的氮氧化物主要是一氧化氮和二氧化氮。在测定氮氧化物浓度时，应先用三氧化铬将一氧化氮氧化成二氧化氮。

二氧化氮被吸收液吸收后，生成亚硝酸和硝酸，其中，亚硝酸与对氨基苯磺酸发生重氮化反应，再与盐酸萘乙二胺偶合，生成玫瑰红色偶氮染料，据其颜色深浅，用分光光度法定量。因为 $NO_2$(气) 转变为 $NO_2^-$ (液) 的转换系数为 0.76，故在计算结果时应除以 0.76。

## 二、实验仪器

(1) 多孔玻板吸收管。

(2) 双球玻璃管 (内装三氧化铬-砂子)。

(3) 空气采样器：流量范围 0~1L/min。

(4) 分光光度计。

## 三、实验试剂

(1) 吸收液：称取 5.0g 对氨基苯磺酸，置于容量瓶中，加入 50mL 冰乙酸和 900mL 水的混合溶液，盖塞振摇使其完全溶解，继之加入 0.050g 盐酸萘乙二胺，溶解后，用水稀释至标线，此为吸收原液，贮于棕色瓶中，在冰箱内可保存两个月。保存时应密封瓶口，防止空气与吸收液接触。

采样时，按 4 份吸收原液与 1 份水的比例混合配成采样用吸收液。

(2) 三氧化铬-砂子氧化管：筛取 40 目河砂，用 (1+2) 的盐酸溶液浸泡一夜，用水洗至中性，烘干。将三氧化铬与砂子按质量比 1∶20 混合，加少量水调匀，放在红外灯下或烘箱内于 105℃烘干，烘干过程中应搅拌几次。制备好的三氧化铬-砂子应是松散的，若粘在一起，说明三氧化铬比例太大，可适当增加一些砂子，重新制备。称取约 8g 三氧化铬-砂子装入双球玻璃管内，两端用少量脱脂棉塞好，用乳胶管或塑料管制的小帽将氧化管两端密封，备用。采样时将氧化管与吸收管用一小段乳胶管相接。

(3) 亚硝酸钠标准储备液：称取 0.1500g 粒状亚硝酸钠 ($NaNO_2$，预先在干燥器内放置 7d 以上)，溶解于水，移入 1000mL 容量瓶中，用水稀释至标线。此溶液每毫升含 100.0μg $NO_2^-$，贮于棕色瓶内，冰箱中保存，可稳定三个月。

（4）亚硝酸钠标准溶液：吸取储备液 5.00mL 于 100mL 容量瓶中，用水稀释至标线。此溶液每毫升含 5.0μg $NO_2^-$。

## 四、测定步骤

（1）标准曲线的绘制：取 7 支 10mL 具塞比色管，按表 26-1 所列数据配制标准色列。

表 26-1　亚硝酸钠标准色列

| 管　号 | 0 | 1 | 2 | 3 | 4 | 5 | 6 |
|---|---|---|---|---|---|---|---|
| 亚硝酸钠标准溶液/mL | 0 | 0.10 | 0.20 | 0.30 | 0.40 | 0.50 | 0.60 |
| 吸收原液/mL | 4.00 | 4.00 | 4.00 | 4.00 | 4.00 | 4.00 | 4.00 |
| 水/mL | 1.00 | 0.90 | 0.80 | 0.70 | 0.60 | 0.50 | 0.40 |
| $NO_2^-$ 含量/μg | 0 | 0.5 | 1.0 | 1.5 | 2.0 | 2.5 | 3.0 |

以上溶液摇匀，避开阳光直射放置 15min，在 540nm 波长处，用 1cm 比色皿，以水为参比，测定吸光度。以吸光度为纵坐标，相应的标准溶液中 $NO_2^-$ 含量（μg）为横坐标，绘制标准曲线。

（2）采样：将一支内装 5.00mL 吸收液的多孔玻板吸收管进气口接三氧化铬-砂子氧化管，并使管口略微向下倾斜，以免当湿空气将三氧化铬弄湿时污染后面的吸收液。将吸收管的出气口与空气采样器相连接。以 0.2～0.3L/min 的流量避光采样至吸收液呈微红色为止，记下采样时间，密封好采样管，带回实验室，当日测定。若吸收液不变色，应延长采样时间，采样量应不少于 6L。在采样的同时，应测定采样现场的温度和大气压力，并作好记录。

（3）样品的测定：采样后，放置 15min，将样品溶液移入比色皿中，按绘制标准曲线的方法和条件测定试剂空白溶液和样品溶液的吸光度。若样品溶液的吸光度超过标准曲线的测定上限，可用吸收液稀释后再测定吸光度。计算结果时应乘以稀释倍数。

## 五、计算

大气中氮氧化物含量（$mg/m^3$）的计算公式如下：

$$\text{氮氧化物} = \frac{(A - A_0)\dfrac{1}{b}}{0.76V_n}$$

式中　$A$——样品溶液的吸光度；

$A_0$——试剂空白溶液的吸光度；

$\dfrac{1}{b}$——标准曲线斜率的倒数，即单位吸光度对应的 $NO_2$ 的毫克数；

$V_n$——标准状态下的采样体积，L；

0.76——$NO_2$(气) 转换为 $NO_2^-$(液) 的系数。

## 六、注意事项

（1）吸收液应避光，且不能长时间暴露在空气中，以防止光照使吸收液显色或吸收空气中的氮氧化物而使试剂空白值增高。

（2）氧化管适于在相对湿度为30%~70%时使用。当空气相对湿度大于70%时，应勤换氧化管；小于30%时，则在使用前，用经过水面的潮湿空气通过氧化管，平衡1h。在使用过程中，应经常注意氧化管是否吸湿引起板结，或者变成绿色。若板结会使采样系统阻力增大，影响流量；若变成绿色，表示氧化管已失效。

（3）亚硝酸钠（固体）应密封保存，防止空气及湿气侵入。部分氧化成硝酸钠或呈粉末状的试剂都不能用直接法配制标准溶液。若无颗粒状亚硝酸钠试剂，可用高锰酸钾容量法标定出亚硝酸钠储备溶液的准确浓度后，再稀释为含5.0μg/mL亚硝酸根的标准溶液。

（4）溶液若呈黄棕色，表明吸收液已受三氧化铬污染，该样品应报废。

（5）绘制标准曲线，向各管中加亚硝酸钠标准使用溶液时，都应以均匀、缓慢的速度加入。

# 实验 27　大气中一氧化碳的测定

## 一、实验原理

一氧化碳对以 4.5μm 为中心波段的红外辐射具有选择性吸收，在一定的浓度范围内，其吸光度与一氧化碳浓度呈线性关系，故根据气样的吸光度可确定一氧化碳的浓度。

水蒸气、悬浮颗粒物干扰一氧化碳的测定。测定时，气样需经硅胶、无水氯化钙过滤管除去水蒸气，经玻璃纤维滤膜除去颗粒物。

## 二、实验仪器

（1）非色散红外一氧化碳分析仪；（2）记录仪：0~10mV；（3）聚乙烯塑料采气袋；（4）铝箔采气袋或衬铝塑料采气袋；（5）弹簧夹；（6）双联球。

## 三、实验试剂

（1）高纯氮气：99.99%；（2）变色硅胶；（3）无水氯化钙；（4）霍加拉特管；（5）一氧化碳标准气。

## 四、采样

用双联球将现场空气抽入采气袋内，洗 3~4 次，采气 500mL，夹紧进气口。

## 五、测定步骤

（1）启动和调零：开启电源开关，稳定 1~2h，将高纯氮气连接在仪器进气口，通入氮气校准仪器零点。也可以用经霍加拉特管（加热至 90~100℃）净化后的空气调零。

（2）校准仪器：将一氧化碳标准气连接在仪器进气口，使仪表指针指示满刻度的 95%。重复 2~3 次。

（3）样品测定：将采气袋连接在仪器进气口，则样气被抽入仪器中，由指示表直接指示出一氧化碳的浓度（μL/L）。

## 六、计算

一氧化碳浓度（$mg/m^3$）的计算公式如下：

$$CO\ 浓度 = 1.25c$$

式中　$c$——实测空气中一氧化碳浓度，μL/L；

1.25——一氧化碳浓度从 μL/L 换算为标准状态下质量浓度（$mg/m^3$）的换算系数。

## 七、注意事项

（1）仪器启动后，必须预热，稳定一定时间再进行测定。仪器具体操作按仪器说明书规定进行。

（2）空气样品应经硅胶干燥，玻璃纤维滤膜过滤后再进入仪器，以消除水蒸气和颗粒物的干扰。

（3）仪器接上记录仪，将空气连续抽入仪器，可连续监测空气中一氧化碳浓度的变化。

# 第三部分

# 固体废物处理与处置创新实验

GUTI FEIWU CHULI YU CHUZHI CHUANGXIN SHIYAN

# 实验 28　土柱（或有害废弃物）淋滤实验

## 一、实验目的

通过模拟土柱或有毒废物淋滤实验，了解含污地表水通过土壤层或雨水淋溶固体废物对土壤层、地下水的影响程度，为有害废物的管理和污染防治提供依据。

## 二、实验原理

淋滤指水连同悬浮或溶解于其中的土壤表层物质向地下周围渗透的过程。淋滤试验是确定土壤中污染物质迁移转化规律的基本试验，本实验中采用模拟天然雨水对土壤（或有害废弃物）进行淋滤，根据虹吸原理控制水层高度，以土柱筒底部的排水口接取渗出液，渗出液携带出有害物质，且有害物质随淋滤原水条件变化而变化。

## 三、实验内容

（一）含氟污水对土壤、地下水的污染

装柱：本实验选自本地区地表垂直深度 2m 内的土层，模拟实际土壤密度装填在内径 100mm 的有机玻璃柱内，装填高度 800mm。

配制模拟含氟废水：选用氟化钠配制一定浓度的高氟水作为原水，浓度控制在 4~7mg/L。

淋滤实验流程：如图 28-1a 所示。

（二）粉煤灰淋滤实验

装柱：取电厂粉煤灰适量，装填在内径 100mm 的有机玻璃柱内，装填高度 800mm。

模拟天然雨水：以 0.25mg/L $H_2SO_4$ 和 0.05mg/L $HNO_3$ 溶液按 $SO_4^{2-}$ ：$NO_3^-$ = 5 ：1的比例配制成原液，用蒸馏水稀释成 pH 值为 5.6 的模拟雨水。

淋滤实验流程：如图 28-1b 所示。

## 四、实验过程

按图 28-1 所示流程连接试验装置，根据虹吸原理控制水层高度保持在土层（或固体废物）上 10cm，上下浮动 2cm，即 8~12cm，以土柱筒底部的排水口接取渗出液，定时记录出水量以量出水中污染物浓度、淋出液 pH 值、液固比（即

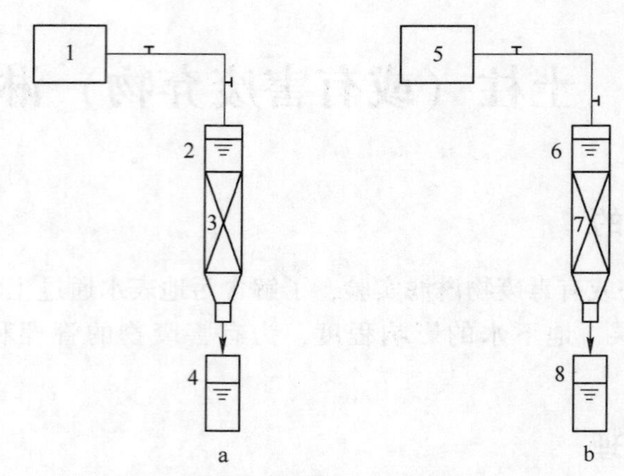


图 28-1　淋滤实验流程图

1—废水高位槽；2—淋滤柱；3—土柱；4—接水瓶；5—雨水高位槽；
6—淋滤柱；7—粉煤灰；8—接水瓶

淋溶原水体积与土柱或渣质量比值，单位为 ML/g）、出水速度及吸附率，并绘制吸附曲线或淋滤曲线。

## 五、实验记录

将实验数据记入表 28-1 中。

表 28-1　土柱（或有害废弃物）淋滤实验

| 序号 | | 淋溶原水 | | 淋滤液 | | | | | | 吸附率（渗透率）/% |
|---|---|---|---|---|---|---|---|---|---|---|
| | | pH 值 | 浓度 /mg·L$^{-1}$ | 出水时间 /min | 出水体积 /mL | 液固化 | pH 值 | 浓度 /mg·L$^{-1}$ | 出水速度 /mL·h$^{-1}$ | |
| 土柱淋滤 | 1 | | | | | | | | | |
| | 2 | | | | | | | | | |
| | 3 | | | | | | | | | |
| | 4 | | | | | | | | | |
| | 5 | | | | | | | | | |
| 粉煤灰淋滤 | 1 | | | | | | | | | |
| | 2 | | | | | | | | | |
| | 3 | | | | | | | | | |
| | 4 | | | | | | | | | |
| | 5 | | | | | | | | | |

## 六、测定方法

（1）pH 值采用 PHS-2 型酸度计测定。

（2）氟离子浓度的测定采用离子选择电极法。

（3）出水体积用量筒测量。

## 七、结果讨论

（1）绘制动态淋溶曲线（淋滤液中氟离子浓度、pH 值随液固比的变化曲线）。

（2）分析含氟污水对土壤、地下水的污染规律。

（3）预测固体废物露天堆放时，渣中污染物对水环境的影响程度。

# 实验 29　生活垃圾厌氧堆肥产气实验

## 一、实验意义和目的

随着我国经济的发展，城市垃圾的数量逐年增加，垃圾围城现象日益突出。城市生活垃圾的处理方式主要有填埋、焚烧和堆肥。填埋占地面积大，而且对于土壤、地下水和大气都会造成危害；焚烧是对资源的极大浪费，而且易产生烟尘及有害气体；好氧堆肥可以将生活垃圾中的有机可腐物转化为腐殖土，但需要供给氧气，有一定的能源消耗；厌氧堆肥不仅可以得到腐殖土，不用供给氧气，能源消耗小，而且可以得到可观的可燃气体甲烷，其具有重要的社会及环境意义。

通过本实验希望达到以下目的：

（1）了解生活垃圾厌氧发酵产甲烷的生物学原理。

（2）了解影响厌氧发酵产甲烷的各主要因素。

（3）学会奥氏气体分析仪的使用方法，学会用其定量测定甲烷和二氧化碳的方法。

（4）要求堆肥数量不少于 200g。

## 二、实验原理

由于厌氧发酵的原料成分复杂，参加反应的微生物种类繁多，使得发酵过程中物质的代谢、转化和各种菌群的作用等非常复杂，最终，碳素大部分转化为甲烷。氮素转化为氨和氮，硫素转化为硫化氢。目前，一般认为该过程可划分为三个阶段。

（1）水解酸化阶段：水解细菌与发酵细菌将碳水化合物、蛋白质、脂肪等大分子有机化合物水解与发酵转化成单糖、氨基酸、脂肪酸、甘油等小分子有机化合物。

（2）产乙酸阶段：在产氢产乙酸菌的作用下把第一阶段的产物转化成氢气、二氧化碳和乙酸等。

（3）产甲烷阶段：在厌氧菌产甲烷菌的作用下，把第二阶段的产物转化为甲烷和二氧化碳。

前两个阶段称为酸性发酵阶段，体系的 pH 值降低，后一个阶段称为碱性发酵阶段，由于产甲烷菌对环境条件要求苛刻（尤其是 pH 值 6.8~7.2），所以控制好碱性发酵阶段体系的条件是实验能否成功的关键。

## 三、主要仪器设备

切割及破碎工具，温度计，恒温水浴埚，简易厌氧产气装置（广口瓶、烧杯、乳胶管、酸度计、天平组成），奥氏气体分析仪（见图 29-1）。

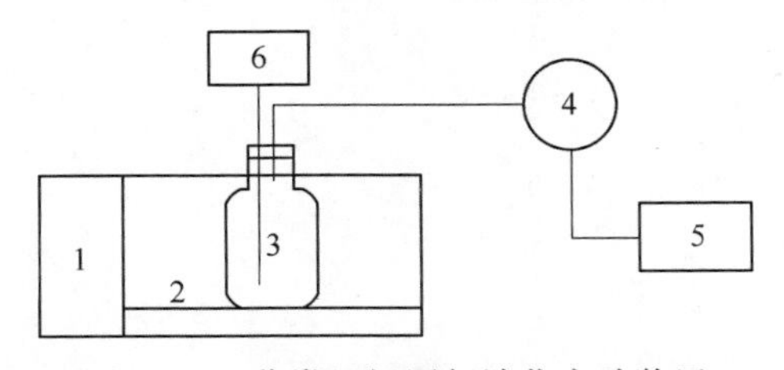


图 29-1　分类垃圾厌氧消化实验装置

1—温控仪；2—水浴；3—反应器；4—集气瓶；5—气体分析仪；6—采样口

## 四、实验设计要求

（1）根据生物学原理，制定出流程简便、操作简单、确实可行的实验方案。通过查阅文献，对该实验可能出现的问题要有了解，以便尽力避免。

（2）在采集制备堆肥原料时，要合理搭配不同物料的配比，使其碳氮比在 30∶1，堆肥总量约为 500g，并适量地接种厌氧污泥约 200mL。

（3）设计出的实验装置要求气密性良好，并可以方便准确地测量出产气量，可以方便地与奥氏气体分析仪连接，以便进行气体组分分析。

（4）合理地设定实验温度，合理地设定测量产气量的时间间隔及实验总时间。

（5）实验数据的读取要认真，不得编造数据，原始实验数据及计算过程要保留。

## 五、讨论

（1）讨论不同的堆肥原料和操作条件可能会对实验结果产生的影响。

（2）做出产气速率曲线，讨论厌氧产气规律。

（3）求出所产气体中二氧化碳和甲烷的含量。

（4）与未经过堆肥过程的相同成分垃圾物进行比较，观察其颜色、气味的不同。

# 第四部分

# 土壤环境分析创新实验

TURANG HUANJING FENXI CHUANGXIN SHIYAN

# 实验 30　典型喀斯特湿地土壤有机质含量分析

## 一、实验意义和目的

湿地土壤中有机碳是湿地生态系统中极其重要的生态因子，显著影响着湿地生态系统的生产力，因而一直备受湿地生态学、土壤学等多个学科的关注。近年来，水体污染与富营养化以及全球气候变化等环境问题日益尖锐，湿地土壤作为碳的储集库，其在大气调节方面的功能开始引起环境学家的高度关注，研究湿地土壤中碳元素含量，是湿地生态系统地球化学循环研究的重要基础。此外，土壤有机碳是陆地生态系统中最大的碳库，对温室效应和全球气候变化具有重要的控制作用，研究湿地土壤有机碳储量、变化过程及其关键控制因子，科学评价湿地土壤碳汇功能，不仅有助于正确评估湿地土壤有机碳的变化方向和速率，而且有助于正确评估全球碳循环，提高对地下碳循环机制的认识，对准确地预测气候变化以及制订应对气候变化的策略和措施具有重要的意义。

## 二、实验方法原理

测定土壤有机质含量采用重铬酸钾容量法-外加热法，其原理为，在外加热的条件下（沙浴的温度为180℃，沸腾 5min），用一定浓度的重铬酸钾-硫酸溶液氧化土壤有机质（碳），剩余的重铬酸钾用硫酸亚铁来滴定，从所消耗的重铬酸钾量，计算有机碳的含量。本方法测得的结果，与干烧法对比，只能氧化 90%的有机碳，因此将得到的有机碳乘以校正系数，以计算有机碳量。在氧化滴定过程中化学反应如下：

$$2K_2Cr_2O_7 + 8H_2SO_4 + 3C \longrightarrow 2K_2SO_4 + 2Cr_2(SO_4)_3 + 3CO_2 + 8H_2O$$

$$K_2Cr_2O_7 + 6FeSO_4 + 7H_2SO_4 \longrightarrow K_2SO_4 + Cr_2(SO_4)_3 + 3Fe_2(SO_4)_3 + 7H_2O$$

在 1mol/L $H_2SO_4$ 溶液中用 $Fe^{2+}$ 滴定 $Cr_2O_7^{2-}$ 时，其滴定曲线的突跃范围为 1.22~0.85V。

滴定过程中使用的氧化还原剂有 4 种，见表 30-1。

**表 30-1　滴定过程中使用的氧化还原指示剂**

| 指示剂 | $E_0$/V | 本身变色（氧化—还原） | $Fe^{2+}$滴定 $Cr_2O_7^{2-}$ 时的变色（氧化—还原） | 特　点 |
|---|---|---|---|---|
| 二苯胺 | 0.76 | 深蓝→无色 | 深蓝→绿 | 须加 $H_3PO_4$，近终点须强烈摇动，较难掌握 |

续表 30-1

| 指示剂 | $E_0$/V | 本身变色（氧化—还原） | $Fe^{2+}$滴定 $Cr_2O_7^{2-}$ 时的变色（氧化—还原） | 特　点 |
| --- | --- | --- | --- | --- |
| 二苯胺磺酸钠 | 0.85 | 红色→无色 | 红紫→蓝紫→绿 | 须加 $H_3PO_4$，终点稍难掌握 |
| 2-羧基代二苯胺 | 1.08 | 紫红→无色 | 棕→红紫→绿 | 不必加 $H_3PO_4$，终点易于掌握 |
| 邻菲罗啉 | 1.11 | 淡蓝→红色 | 橙→灰绿→淡绿→砖红 | 不必加 $H_3PO_4$，终点易于掌握 |

从表 30-1 中，可以看出每种氧化还原指示剂都有自己的标准电位（$E_0$），邻菲罗啉（$E_0$ = 1.11V），2-羧基代二苯胺（$E_0$ = 1.08V），以上两种氧化还原指示剂的标准电位（$E_0$），正落在滴定曲线突跃范围之内，因此，不需加磷酸而终点容易掌握，可得到准确的结果。

例如：以邻菲罗啉亚铁溶液（邻二氮菲亚铁）为指示剂，三个邻菲罗啉（$C_2H_8N_2$）分子与一个亚铁离子配合，形成红色的邻菲罗啉亚铁配合物，遇强氧化剂，则变为淡蓝色的正铁配合物，其反应如下：

$$\underset{\text{淡蓝色}}{[(C_2H_8N_2)_3Fe]^{3+}} + e \rightleftharpoons \underset{\text{红色}}{[(C_2H_8N_2)_3Fe]^{2+}}$$

滴定开始以重铬酸钾的橙色为主，滴定过程渐现 $Cr^{3+}$ 的绿色，快到终点变为灰绿色，如标准亚铁溶液过量半滴，即变成红色，表示终点已到。

但用邻啡罗啉的一个问题是指示剂往往被某些悬浮土粒吸附，到终点时颜色变化不清楚，所以常常在滴定前将悬浊液在玻璃滤器上过滤。

从表 30-1 中也可以看出，二苯胺、二苯胺磺酸钠指示剂变色的氧化还原标准电位（$E_0$）分别为 0.76V、0.85V。指示剂变色在重铬酸钾与亚铁滴定曲线突跃范围之外。因此使终点后移，为此，在实际测定过程中加入 NaF 或 $H_3PO_4$ 配合 $Fe^{3+}$，其反应如下：

$$Fe^{3+} + 2PO_4^{3-} \longrightarrow Fe(PO_4)_2^{3-}$$

$$Fe^{3+} + 6F^- \longrightarrow [FeF_6]^{3-}$$

加入磷酸等不仅可消除 $Fe^{3+}$ 的颜色，而且能使 $Fe^{3+}/Fe^{2+}$ 体系的电位大大降低，从而使滴定曲线的突跃电位加宽，使二苯胺等指示剂的变色电位进入突跃范围之内。

根据以上各种氧化还原指示剂的性质及滴定终点掌握的难易，推荐应用 2-羧基二苯胺。2-羧基二苯胺价格便宜，性能稳定，值得推荐采用。

## 三、主要仪器设备

沙浴消化装置，可调温电炉，s 表，自动控温调节器。

## 四、试剂

（1）0.008mol/L（$1/6K_2Cr_2O_7$）标准溶液：称取经130℃烘干的重铬酸钾（$K_2Cr_2O_7$，GB 642—77）39.2245g溶于水中，定容于1000mL容量瓶中。

（2）$H_2SO_4$：浓硫酸（$H_2SO_4$，GB 625—77）。

（3）0.2mol/L $FeSO_4$ 溶液：称取硫酸亚铁（$FeSO_4 \cdot 7H_2O$，GB 664—77）56.0g溶于水中，加浓硫酸5mL，稀释至1000mL。

（4）指示剂：

1）邻菲罗啉指示剂：称取邻菲罗啉（GB 1293—77，1.485g）与 $FeSO_4 \cdot 7H_2O$ 0.695g，溶于100mL水中。

2）2-羧基代二苯胺（O-phenylanthranilicacid，又名邻苯氨基苯甲酸，$C_{13}H_{11}O_2N$）指示剂：称取0.25g试剂于小研钵中研细，然后倒入100mL小烧杯中，加入0.18mol/L NaOH溶液12mL，并用少量水将研钵中残留的试剂冲洗入100mL小烧杯中，将烧杯放在水浴上加热使其溶解，冷却后稀释定容到250mL，放置澄清或过滤，用其清液。

（5）$Ag_2SO_4$：硫酸银（$Ag_2SO_4$，HG 3-945-76），研成粉末。

（6）$SiO_2$：二氧化硅（$SiO_2$，Q/HG 22-562-76），粉末状。

## 五、操作步骤

称取通过0.149mm（100目）筛孔的风干土样0.1~1g（精确到0.0001g），放入一干燥的硬质试管中，用移液管准确加入0.800mol/L（$1/6K_2Cr_2O_7$）标准溶液5mL（如果土壤中含有氯化物需先加入 $Ag_2SO_4$ 0.1g），用注射器加入浓 $H_2SO_4$ 5mL充分摇匀，管口盖上弯颈小漏斗，以冷凝蒸出之水汽。

将8~10个试管放入自动控温的铝块管座中（试管内的液温控制在约170℃），放入温度为185~190℃的沙浴中，要求放入后沙浴温度下降至170~180℃，以后必须控制电炉，使沙浴温度始终维持在170~180℃，待试管内液体沸腾发生气泡时开始计时，煮沸5min，取出试管。

冷却后，将试管内容物倾入250mL三角瓶中，用水洗净试管内部及小漏斗，这三角瓶内溶液总体积为60~70mL，保持混合液中（$1/2H_2SO_4$）浓度为2~3mol/L，然后加入2-羧基代二苯胺指示剂12~15滴，此时溶液呈棕红色。用标准的0.2mol/L硫酸亚铁滴定，滴定过程中不断摇动内容物，直至溶液的颜色由棕红色经紫色变为暗绿（灰蓝绿色），即为滴定终点。如用邻菲罗啉指示剂，加指示剂2~3滴，溶液的变色过程中由橙黄→蓝绿→砖红色即为终点。记取 $FeSO_4$ 滴定体积（$V$）。

每一批（即上述每铁丝笼或铝块中）样品测定的同时，进行2~3个空白试验，即取 0.500g 粉状二氧化硅代替土样，其他手续与试样测定相同。记取 $FeSO_4$ 滴定体积（$V_0$），取其平均值。

## 六、结果计算

土壤有机碳含量（g/kg）可用下式计算：

$$土壤有机碳 = \frac{\frac{c \times 5}{V_0} \times (V_0 - V) \times 10^{-3} \times 3.0 \times 1.1}{mk} \times 1000$$

式中 $c$——0.8000mol/L（$1/6K_2Cr_2O_7$）标准溶液的浓度，mol/L；

5——重铬酸钾标准溶液加入的体积，mL；

$V_0$——空白滴定用去 $FeSO_4$ 体积，mL；

$V$——样品滴定用去 $FeSO_4$ 体积，mL；

3.0——1/4 碳原子的摩尔质量，g/mol；

$10^{-3}$——将 mL 换算为 L；

1.1——氧化校正系数；

$m$——风干土样质量，g；

$k$——将风干土样换算成烘干土的系数。

# 实验 31　典型森林土壤全氮含量的测定

## 一、实验意义和目的

土壤中氮素绝大多数为有机质的结合形态。无机形态的氮一般占全氮的 1%～5%。土壤有机质和氮素的消长，主要取决于生物积累和分解作用的相对强弱、气候、植被、耕作制度诸因素，特别是水热条件，对土壤有机质和氮素含量有显著的影响。

土壤中有机态氮来源于半分解的有机质、微生物躯体和腐殖质。有机形态的氮大部分必须经过土壤微生物的转化作用，变成无机形态的氮，才能为植物吸收利用。有机态氮的矿化作用随季节而变化。一般来讲，由于土壤质地的不同，一年中有 1%～3%的 N 释放出来供植物吸收利用。

土壤氮的主要分析项目有土壤全氮量和有效氮量。全氮量通常用于衡量土壤氮素的基础肥力，而土壤有效氮量与作物生长关系密切。土壤全氮量变化较小，通常用开氏法或根据开氏法组装的自动定氮仪测定，测定结果稳定可靠。本实验目的是对典型森林土壤全氮含量进行测定，为贵州森林管理提供科学依据。

## 二、实验方法原理

采用半微量开氏法，其原理为样品在加速剂的参与下，用浓硫酸消煮时，各种含氮有机物，经过复杂的高温分解反应，转化为氨与硫酸结合成硫酸铵。碱化后蒸馏出来的氨用硼酸吸收，以标准酸溶液滴定，求出土壤全氮量（不包括全部硝态氮）。

包括硝态和亚硝态氮的全氮测定，在样品消煮前，需先用高锰酸钾将样品中的亚硝态氮氧化为硝态氮后，再用还原铁粉使全部硝态氮还原，转化成铵态氮。

在高温下硫酸是一种强氧化剂，能氧化有机化合物中的碳，生成 $CO_2$，从而分解有机质，化学反应过程如下：

$$2H_2SO_4 + C \xrightarrow{\text{高温}} 2H_2O + 2SO_2\uparrow + CO_2\uparrow$$

样品中的含氮有机化合物，如蛋白质在浓 $H_2SO_4$ 的作用下，水解成为氨基酸，氨基酸又在 $H_2SO_4$ 的脱氨作用下，还原成氨，氨与 $H_2SO_4$ 结合成为硫酸铵留在溶液中。

Se 的催化过程如下：

$$2H_2SO_4 + Se \longrightarrow H_2SeO_3 + 2SO_2\uparrow + H_2O$$

$$H_2SeO_3 \longrightarrow SeO_2 + H_2O$$

$$SeO_2 + C \longrightarrow Se + CO_2$$

由于Se的催化效能高，一般常量法Se粉用量不超过0.1~0.2g，如用量过多则将引起氮的损失。Se的催化过程如下：

$$(NH_4)_2SO_4 + H_2SeO_3 \longrightarrow (NH_4)_2SeO_3 + H_2SO_4$$

$$3(NH_4)_2SeO_3 \longrightarrow 2NH_3 + 3Se + 9H_2O + 2N_2\uparrow$$

以Se作催化剂的消煮液，也不能用于氮磷联合测定。硒是一种有毒元素，在消化过程中，放出$H_2Se$。$H_2Se$的毒性比$H_2S$更大，易引起人中毒。因此，实验室要有良好的通风设备，方可使用这种催化剂。Se的催化过程如下：

$$4CuSO_4 + 3C + 2H_2SO_4 \longrightarrow 2Cu_2SO_4 + 4SO_2\uparrow + 3CO_2\uparrow + 2H_2O$$

$$\underset{\text{褐红色}}{Cu_2SO_4} + 2H_2SO_4 \longrightarrow \underset{\text{蓝绿色}}{2CuSO_4} + 2H_2O + SO_2\uparrow$$

当土壤中有机质分解完毕，碳质被氧化后，消煮液则呈现清澈的蓝绿色即“清亮”，因此硫酸铜不仅起催化作用，也起指示作用。同时应该注意开氏法刚刚清亮并不表示所有的氮均已转化为铵，有机杂环态氮还未完全转化为铵态氮，因此消煮液清亮后仍需消煮一段时间，这个过程叫“后煮”。

消煮液中硫酸铵加碱蒸馏，使氨逸出，以硼酸吸收之，然后用标准酸液滴定之。

蒸馏过程的反应：

$$(NH_4)_2SO_4 + 2NaOH \longrightarrow Na_2SO_4 + 2NH_3 + 2H_2O$$

$$NH_3 + H_2O \longrightarrow NH_4OH$$

$$NH_4OH + H_3BO_3 \longrightarrow NH_4 \cdot H_2BO_3 + H_2O$$

滴定过程的反应：

$$2NH_4 \cdot H_2BO_3 + H_2SO_4 \longrightarrow (NH_4)_2SO_4 + 2H_3BO_3$$

## 三、主要仪器设备

消煮炉，半微量定氮蒸馏装置，半微量滴定管（5mL）。

## 四、试剂

（1）硫酸：$\rho$=1.84g/mL，化学纯。

（2）10mol/L NaOH溶液。称取工业用固体NaOH 420g，于硬质玻璃烧杯中，加蒸馏400mL溶解，不断搅拌，以防止烧杯底角固结，冷却后倒入塑料试剂瓶，加塞，防止吸收空气中的$CO_2$，放置几天待$Na_2CO_3$沉降后，将清液虹吸入盛有约160mL无$CO_2$的水中，并以去$CO_2$的蒸馏水定容1L加盖橡皮塞。

（3）甲基红-溴甲酚绿混合指示剂：0.5g溴甲酚绿和0.1g甲基红溶于100mL乙醇中。

（4）20g/L $H_2BO_3$-指示剂：20g $H_2BO_3$(化学纯）溶于1L水中，每升 $H_2BO_3$ 溶液中加入甲基红-溴甲酚绿混合指示剂5mL并用稀酸或稀碱调节至微紫红色，此时该溶液的pH值为4.8。指示剂用前与硼酸混合，此试剂宜现配，不宜久放。

（5）混合加速剂：$K_2SO_4$：$CuSO_4$：Se＝100：10：1，即100g $K_2SO_4$(化学纯)、10g $CuSO_4 \cdot 5H_2O$(化学纯）和1g Se粉混合研磨，通过80号筛充分混匀(注意戴口罩)，贮于具塞瓶中。消煮时每毫升 $H_2SO_4$ 加0.37g混合加速剂。

（6）0.02mol/L(1/2$H_2SO_4$）标准溶液：量取 $H_2SO_4$(化学纯、无氮、$\rho$＝1.84g/mL)2.83mL，加水稀释至5000mL，然后用标准碱或硼砂标定之。

（7）0.01mol/L(1/2$H_2SO_4$）标准液：将0.02mol/L(1/2 $H_2SO_4$）标准溶液用水准确稀释一倍。

（8）高锰酸钾溶液：25g高锰酸钾溶于500mL无离子水，贮于棕色瓶中。

（9）1：1硫酸（化学纯、无氮、$\rho$=1.84g/mL)：硫酸与等体积水混合。

（10）还原铁粉：磨细通过孔径0.15mm(100号）筛。

（11）辛醇。

## 五、操作步骤

（1）称取风干土样（通过孔径0.149mm筛）1.0000g(含氮约1mg)，同时测定土样水分含量。

（2）土样消煮。

1）不包括硝态氮和亚硝态氮的消煮：将土样送入干燥的开氏瓶（或消煮管）底部，加少量无离子水（0.5~1mL）湿润土样后，加入加速剂2g和浓硫酸5mL，摇匀，将开氏瓶倾斜置于300W变温电炉上，用小火加热，待瓶内反应缓和时（10~15min)，加强火力使消煮的土液保持微沸，加热的部位不超过瓶中的液面，以防瓶壁温度过高而使铵盐受热分解，导致氮素损失。消煮的温度以硫酸蒸气在瓶颈上部1/3处冷凝回流为宜。待消煮液和土粒全部变为灰白稍带绿色后，再继续消煮1h。消煮完毕，冷却，待蒸馏。在消煮土样的同时，做两份空白测定，除不加土样外，其他操作皆与测定土样相同。

2）包括硝态氮和亚硝态氮的消煮：将土样送入干燥的开氏瓶（或消煮管）底部，加高锰酸钾溶液1mL，摇动开氏瓶，缓缓加入1：1硫酸2mL，不断转动开氏瓶，然后放置5min，再加入1滴辛醇。通过长颈漏斗将0.5g(±0.01g）还原铁粉送入开氏瓶底部，瓶口盖上小漏斗，转动开氏瓶，使铁粉与酸接触，待剧烈反应停止时（约5min)，将开氏瓶置于电炉上缓缓加热45min（瓶内土液应保持微沸，以不引起大量水分丢失为宜)。停火，待开氏瓶冷却后，通过长颈漏斗加加速剂2g和浓硫酸5mL，摇匀。按上述1）的步骤，消煮至土液全部变为黄绿色，再继续消煮1h。消煮完毕，冷却，待蒸馏。在消煮土样的同时，做两份空白测定。

(3) 氨的蒸馏。

1) 蒸馏前先检查蒸馏装置是否漏气，并通过水的馏出液将管道洗净。

2) 待消煮液冷却后，用少量无离子水将消煮液定量地全部转入蒸馏器内，并用水洗涤开氏瓶4~5次（总用水量不超过30~35mL）。若用半自动式自动定氮仪，不需要转移，可直接将消煮管放入定氮仪中蒸馏。

于150mL锥形瓶中，加入20g/L $H_2BO_3$-指示剂混合液5mL，放在冷凝管末端，管口置于硼酸液面以上3~4cm处。然后向蒸馏室内缓缓加入10mol/L NaOH溶液20mL，通入蒸汽蒸馏，待馏出液体积约50mL时，即蒸馏完毕。用少量已调节至pH 4.5的水洗涤冷凝管的末端。

3) 滴定后馏出液由蓝绿色至刚变为红色。记录所用酸标准溶液的体积(mL)。空白测定所用酸标准溶液的体积，一般不得超过0.4mL。

## 六、结果计算

土壤全氮量（g/kg）计算公式如下：

$$土壤全氮量 = \frac{(V - V_0) \times c \times 14.0 \times 10^{-3}}{m} \times 10^3$$

式中　$V$——滴定试液时所用酸标准溶液的体积，mL；

$V_0$——滴定空白时所用酸标准溶液的体积，mL；

$c$——0.01mol/L($1/2H_2SO_4$) 或 HCl 标准溶液浓度，mol/L；

14.0——氮原子的摩尔质量，g/mol；

$10^{-3}$——将 mL 换算为 L；

$m$——烘干土样的质量，g。

两次平行测定结果允许绝对相差：土壤全氮量大于1.0g/kg时，不得超过0.005%；含氮1.0~0.6g/kg时，不得超过0.004%；含氮小于0.6g/kg时，不得超过0.003%。

# 实验32　典型农田土壤速效磷含量分析

## 一、实验意义和目的

了解土壤中速效磷供应状况，对于施肥有着直接的指导意义。土壤中速效磷的测定方法很多。有生物方法、化学速测方法、同位素方法、阴离子交换树脂法等。

土壤有效磷的测定，生物的方法被认为是最可靠的。目前用同位素$^{32}P$稀释法测得的“*A*”值被认为是标准方法。阴离子树脂方法有类似植物吸收磷的作用，即树脂不断从溶液中吸附磷，是单方向的，有助于固相磷进入溶液，测出的结果也接近“*A*”值。但是用得最普遍的是化学速测方法。化学速测方法即用提取剂提取土壤中的有效磷。因而，本实验目的是对典型农田土壤速效磷含量进行测定，为农田施肥提供科学依据。

## 二、实验方法原理

采用0.05mol/L $NaHCO_3$法，其原理为石灰性土壤由于大量游离碳酸钙存在，不能用酸溶液来提有效磷。一般用碳酸盐的碱溶液。由于碳酸根的同离子效应，碳酸盐的碱溶液降低碳酸钙的溶解度，也就降低了溶液中钙的浓度，这样就有利于磷酸钙盐的提取。同时由于碳酸盐的碱溶液，也降低了铝和铁离子的活性，有利于磷酸铝和磷酸铁的提取。

此外，碳酸氢钠碱溶液中存在着$OH^-$、$HCO_3^-$、$CO_3^{2-}$等阴离子，有利于吸附态磷的置换，因此$NaHCO_3$不仅适用于石灰性土壤，也适应于中性和酸性土壤中速效磷的提取。待测液中的磷用钼锑抗试剂显色，进行比色测定。

## 三、主要仪器设备

往复振荡机，分光光度计或比色计。

## 四、试剂

（1）0.05mol/L $NaHCO_3$浸提液。溶解$NaHCO_3$ 42.0g于800mL水中，以0.5mol/L NaOH溶液调节浸提液的pH值至8.5。此溶液曝于空气中可因失去$CO_2$而使pH值增高，可于液面加一层矿物油保存之。此溶液储存于塑料瓶中比在玻璃中容易保存，若储存超过1个月，应检查pH值是否改变。

（2）无磷活性炭。活性炭常含有磷，应做空白试验，检验有无磷存在。如含磷较多，须先用 2mol/L HCl 浸泡过夜，用蒸馏水冲洗多次后，再用 0.05mol/L $NaHCO_3$ 浸泡过夜，在平瓷漏斗上抽气过滤，每次用少量蒸馏水淋洗多次，并检查到无磷为止。如含磷较少，则直接用 $NaHCO_3$ 处理即可。

## 五、操作步骤

称取通过 20 目筛子的风干土样 2.5g（精确到 0.001g）于 150mL 三角瓶（或大试管）中，加入 0.05mol/L $NaHCO_3$ 溶液 50mL，再加一勺无磷活性炭，塞紧瓶塞，在振荡机上振荡 30min，立即用无磷滤纸过滤，滤液承接于 100mL 三角瓶中，吸取滤液 10mL（含磷量高时吸取 2.5～5.0mL，同时应补加 0.05mol/L $NaHCO_3$ 溶液至 10mL）于 150mL 三角瓶中，再用滴定管准确加入蒸馏水 35mL，然后移液管加入钼锑抗试剂 5mL，摇匀，放置 30min 后，用 880nm 或 700nm 波长进行比色。以空白液的吸收值为 0，读出待测液的吸收值（$A$）。

标准曲线绘制：分别准确吸取 5μg/mL 磷标准溶液 0mL、1.0mL、2.0mL、3.0mL、4.0mL、5.0mL 于 150mL 三角瓶中，再加入 0.05mol/L $NaHCO_3$ 10mL，准确加水使各瓶的总体积达到 45mL，摇匀；最后加入钼锑抗试剂 5mL，混匀显色。同待测液一样进行比色，绘制标准曲线。最后溶液中磷的浓度分别为 0μg/mL、0.1μg/mL、0.2μg/mL、0.3μg/mL、0.4μg/mL、0.5μg/mL。

## 六、结果计算

土壤中有效磷含量（mg/kg）计算公式如下：

$$土壤中有效磷含量 = \frac{\rho \times V \times ts}{m \times 10^3 \times k} \times 1000$$

式中　$\rho$——从工作曲线上查得磷的质量浓度，μg/mL；

$m$——风干土质量，g；

$V$——显色时溶液定容的体积，mL；

$10^3$——将 μg 换算成 mg；

$ts$——为分取倍数（即浸提液总体积与显色对吸取浸提液体积之比）；

$k$——将风干土换算成烘干土质量的系数；

1000——换算成每千克土壤含磷量。

# 实验 33　典型农田土壤速效钾含量的测定分析

## 一、实验意义和目的

土壤中钾主要以无机形态存在。按其对作物有效程度划分为速效钾（包括水溶性钾、交换性钾）、缓效性钾和相对无效钾三种。它们之间存在着动态平衡，调节着钾对植物的供应。土壤速效钾以交换性钾为主，占 95%以上，水溶性钾仅占极小部分。测定土壤交换性钾常用的浸提剂有 1mol/L $NH_4OAc$、100g/L NaCl、1mol/L $Na_2SO_4$ 等。通常认为 1mol/L $NH_4OAc$ 作为土壤交换性钾的标准浸提剂，它能将土壤交换性钾和黏土矿物固定的钾截然分开。因而，本实验目的是对贵州典型农田土壤速效磷含量进行测定，为贵州农田施肥提供科学依据。

## 二、实验方法原理

采用 $NH_4OAc$ 浸提-火焰光度法，其原理为以 $NH_4OAc$ 作为浸提剂与土壤胶体上阳离子起交换作用。$NH_4OAc$ 浸出液常用火焰光度计直接测定。为了抵消 $NH_4OAc$ 的干扰影响，标准钾溶液也需要用 1mol/L $NH_4OAc$ 配制。

## 三、主要仪器设备

火焰光度计，往返式振荡机。

## 四、试剂

（1）1mol/L 中性 $NH_4OAc$（pH 值为 7.0）溶液。称取化学 $CH_3COONH_4$ 77.09g 加水稀释，定容至近 1L。用 HOAc 或 $NH_4OH$ 调节 pH 值至 7.0，然后稀释至 1L。具体方法如下：取出 1mol/L $NH_4OAc$ 溶液 50mL，用溴百里酚蓝作指示剂，以 1∶1$NH_4OH$ 或稀 HOAc 调至绿色即 pH7.0（也可以在酸度计上调节）。根据 50mL 所用 $NH_4OH$ 或稀 HOAc 的体积，算出所配溶液大概需要量，最后调节 pH 值至 7.0。

（2）钾的标准溶液配制。称取 KCl（110℃ 烘干 2h）0.1907g 溶于 1mol/L $NH_4OAc$ 溶液中，定容至 1L，即为含 100μg/mL K 的 $NH_4OAc$ 溶液。同时分别准确吸取此 100μg/mL K 标准液 0mL、2.5mL、5.0mL、10.0mL、15.0mL、20.0mL、40.0mL 放入 100mL 容量瓶中，1mol/L $NH_4OAc$ 溶液定容，即得 0μg/mL、2.5μg/mL、5.0μg/mL、10.0μg/mL、15.0μg/mL、20.0μg/mL、40.0μg/mL K 标准系列溶液。

## 五、操作步骤

称取通过 1mm 筛孔的风干土 5.00g 于 100mL 三角瓶或大试管中，加入 1mol/L $NH_4OAc$ 溶液 50mL，塞紧橡皮塞，振荡 30min，用干的普通定性滤纸过滤。

滤液盛于小三角瓶中，同钾标准系列溶液一起在火焰光度计上测定。记录其检流计上的读数，然后从标准曲线上求得其浓度。

标准曲线的绘制：将配制的钾标准系列溶液，以浓度最大的一个定到火焰光度计上检流计为满度（100），然后从稀到浓依序进行测定，记录检流计上的读数。以检流计读数为纵坐标，钾（K）的浓度（μg/mL）为横坐标，绘制标准曲线。

## 六、结果计算

土壤速效钾含量（mg/kg）计算公式如下：

$$\text{土壤速效钾含量} = \text{待测液}(\mu g/mL) \times \frac{V}{m}$$

式中　$V$——加入浸提剂的体积，mL；

　　　$m$——烘干土样的质量，g。

# 实验 34　典型喀斯特湿地土壤容重分析

## 一、实验意义和目的

土壤基质是土壤的固体部分，它是保持和传导物质（水、溶质、空气）和能量（热量）的介质，它的作用主要取决于土壤固体颗粒的性质和土壤孔隙状况。土壤容重综合反映了土壤固体颗粒和土壤孔隙的状况，一般讲，土壤容重小，表明土壤比较疏松，孔隙多，反之，土粒密度大，表明土体比较紧实，结构性差，孔隙少；土壤孔隙状况与土壤团聚体直径、土壤质地及土壤中有机质含量有关，它们对土壤中的水、肥、气、热状况和农业生产有显著影响。

## 二、实验方法原理

测定土壤容重通常用环刀法。用一定容积的环刀（一般为 $100cm^3$）切割未搅动的自然状态土样，使土样充满其中，烘干后称量计算单位容积的烘干土质量。本法适用一般土壤，对坚硬和易碎的土壤不适用。

## 三、主要仪器设备

环刀（容积为 $100cm^3$），天秤（感量为 mg），烘箱，环刀托，削土刀，钢丝锯，干燥器。

## 四、操作步骤

在田间选择挖掘土壤剖面的位置，按使用要求挖掘土壤剖面。一般如只测定耕层土壤容重，则不必挖土壤剖面（图 34-1）。

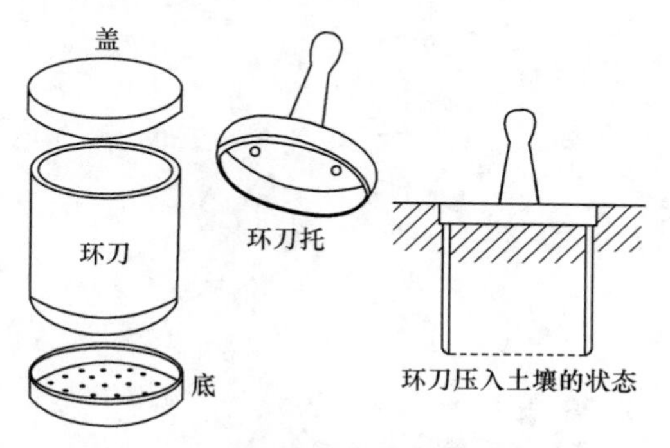


图 34-1　环刀法取土样的操作示意图

用修土刀修平土壤剖面，并记录剖面的形态特征，按剖面层次，分层取样，耕层4个，下面层次每层重复3个。

将环刀托放在已知质量的环刀上，环刀内壁稍擦上凡士林，将环刀刃向下垂直压入土中，直至环刀筒中充满土样为止。

用修土刀切开环周围的土样，取出已充满土的环刀，细心削平环刀两端多余的土，并擦净环刀外面的土。同时在同层取样处，用铝盒采样，测定土壤含水量。

把装有土样的环刀两端立即加盖，以免水分蒸发。随即称重（精确到0.01g），并记录。

将装有土样的铝盒烘干称重（精确到0.01g），测定土壤含水量。或者直接从环刀筒中取出土样测定土壤含水量。

## 五、结果计算

土壤容重按下式计算：

$$\rho_b = \frac{m}{V(1 + \theta_m)}$$

式中，$\rho_b$ 为土壤容重；$m$ 为环刀内湿样质量；$V$ 为环刀容积，一般为 $100cm^3$；$\theta_m$ 为样品含水量（质量含水量），%。

# 实验35　典型喀斯特湿地土壤含水量的分析

## 一、实验意义和目的

严格地讲，土壤含水量应称为土壤含水率，因其所指的是相对于土壤一定质量或容积中的水量分数或百分比，而不是土壤所含的绝对水量。

土壤含水量的多少，直接影响土壤的固、液、气三相比，以及土壤的适耕性和作物的生长发育。在湿地土壤管理中，需要经常了解田间土壤含水量，以便适时灌溉或排水，保证作物生长对水分的需要，并利用耕作予以调控，达到高产丰收的目的。

## 二、主要仪器设备

土钻，感量0.1g的电子天秤，烘箱。

## 三、操作步骤

烘干法又称质量法，具体操作是：用土钻采取土样，用感量0.1g的天秤称得土样的质量，记录土样的湿质量 $m_t$，在105℃烘箱内将土样烘6~8h至恒重，然后测定烘干土样，记录土样的干质量 $m_s$。

## 四、结果计算

根据如下公式计算土样含水量：

$$\theta_m = m_w / m_s \times 100\%$$

式中，$m_w = m_t - m_s$；$\theta_m$ 为土样的质量含水率，习惯上又称为质量含水量。

如果知道取样点的容重，则可求出土壤含水量的另一种表示形式——容积含水量 $\theta_V$：$\theta_V = \theta_m \rho_b$。

## 五、注释

在黏粒或有机质多的土壤中，烘箱中的水分散失量随烘箱温度的升高而增大，因此烘箱温度必须保持在100~110℃范围内。

# 实验36　典型茶园土壤矿化氮含量的测定

## 一、实验目的意义

土壤有效氮包括无机的矿物态氮和部分有机质中易分解的、比较简单的有机态氮。它是铵态氮、硝态氮、氨基酸、酰胺和易水解的蛋白质氮的总和，通常也称水解氮，它能反映土壤近期内氮素供应情况。

目前国内外土壤有效氮的测定方法一般分两大类：即生物方法和化学方法。生物培养法测定的是土壤中氮的潜在供应能力。虽然方法较繁琐，需要较长的培养试验时间，但测出的结果与作物生长有较高的相关性；化学方法快速简便，但由于对易矿化氮的了解不够，浸提剂的选择往往缺乏理论依据，测出的结果与作物生长的相关性亦较差。因而，本实验拟开展典型茶园土壤矿化氮含量的测定，为茶园管理提供依据。

## 二、实验方法原理

采用厌气培养法，其原理为用浸水保温法（Water-logged Incubation）处理土壤，利用嫌气微生物在一定温度下矿化土壤有机氮使其成为$NH_4^+$-N，再用2mol/L KCl溶液浸提，浸出液中的$NH_4^+$-N，用蒸馏法测定，从中减去土壤初始矿质氮(即原存在于土壤中的$NH_4^+$-N和$NO_3^-$-N)，得土壤矿化氮含量。

## 三、主要仪器设备

恒温生物培养箱，振荡器，半微量定氮蒸馏器，半微量滴定管（5mL)。

## 四、试剂

（1）0.02mol/L($1/2H_2SO_4$）标准溶液。先配制0.10mol/L($1/2H_2SO_4$）溶液，然后标定，再准确稀释而成。

（2）2.5mol/L KCl 称取KCl(化学纯）186.4g，溶于水定容1L。

（3）$FeSO_4$-Zn粉还原剂。将$FeSO_4 \cdot 7H_2O$(化学纯）50.0g和Zn粉10.0g共同磨细（或分别磨细，分别保存，可数年不变，用时按比例混合)，通过60号筛，盛于棕色瓶中备用（易氧化，只能保存一星期)。

（4）20g/L 硼酸-指示剂。20g$H_3BO_3$(化学纯）溶于1L水中，每升$H_3BO_3$溶液中加入甲基红-溴甲酚绿混合指示剂5mL并用稀酸或稀碱调节至微紫红色，此时该溶液的pH值为4.8。指示剂用前与硼酸混合，此试剂宜现配，不宜久放。

（5）120g/L MgO 悬浊液。MgO 12g 经 500～600℃ 灼烧 2h，冷却，放入 100mL 水中摇匀。

## 五、操作步骤

（1）土壤矿化氮和初始氮之和的测定。称取 20 目风干土样 20.0g，置于 150mL 三角瓶中，加蒸馏水 20.0mL，摇匀。要求土样被水全部覆盖，加盖橡皮塞，置于（40±2）℃ 恒温生物培养箱中培养一星期（七昼夜）取出，加 80mL 2.5mol/L KCl 溶液，再用橡皮塞塞紧，在振荡机上振荡 30min，取下立即过滤于 150mL 三角瓶中，吸取滤液 10.0～20.0mL 注入半微量定氮蒸馏器中，用少量水冲洗，先将盛有 20g/L 硼酸-指示剂溶液 10.0mL 的三角瓶放在冷凝管下，然后再加 120g/L MgO 悬浊液 10mL 于蒸馏器中，用少量水冲洗，随后封闭。再通蒸汽，待馏出液约达 40mL 时（约 10min），停止蒸馏。取下三角瓶用 0.02mol/L（$1/2H_2SO_4$）标准液滴定。同时做空白试验。

（2）土壤初始氮的测定。称取 20 目筛的风干土样 20.0g，置于 250mL 三角瓶中，加 2mol/L KCl 溶液 100mL，加塞振荡 30min，过滤于 150mL 三角瓶中。

取滤液 30～40mL 于半微量定氮蒸馏器中，并加入 $FeSO_4$-Zn 粉还原剂 1.2g，再加 400g/L NaOH 溶液 5mL，立即封闭进样口。预先将盛有 20g/L 硼酸-指示剂 10mL 的三角瓶置于冷凝管下，再通蒸汽蒸馏，当吸收液达到 40mL 时（约 10min）停止蒸馏，取下三角瓶，用 0.02mol/L($1/2H_2SO_4$）标准液滴定。同时做空白试验。

## 六、结果计算

土壤矿化氮计算公式如下：

$$\text{土壤矿化氮与初始氮之和(mg/kg)} = \frac{c(V - V_0) \times 14.0 \times ts \times 10^3}{m}$$

$$\text{土壤初始氮(mg/kg)} = \frac{c(V - V_0) \times 14.0 \times ts \times 10^3}{m}$$

式中　$c$——0.02mol/L($1/2H_2SO_4$）标准溶液的浓度，mol/L；

$V$——样品滴定时用去 $1/2H_2SO_4$ 标准溶液体积，mL；

$V_0$——空白试验滴定时用去 $1/2H_2SO_4$ 标准溶液体积，mL；

$ts$——分取倍数；

14.0——氮原子的摩尔质量，g/mol；

$10^3$——换算系数。

# 实验 37　典型森林土壤硝态氮含量的测定

## 一、实验意义和目的

无机态氮主要是铵态氮和硝态氮，有时有少量亚硝态氮的存在。土壤中硝态氮和铵态氮的含量变化大。本实验拟对典型森林土壤硝态氮含量进行测定，为森林土壤营养平衡提供依据。

## 二、实验方法原理

采用酚二磺酸比色法，其原理为土壤浸提液中的 $NO_3^-$-N 在蒸干无水条件下能与酚二磺酸试剂作用，生成硝基酚二磺酸，反应式如下

$$C_6H_3OH(HSO_3)_2 + HNO_3 \longrightarrow C_6H_2OH(HSO_3)_2NO_2 + H_2O$$

2，4-酚二磺酸　　　　　　6-硝基酚-2，4-二磺酸

此反应必须在无水条件下才能迅速完成，反应产物在酸性介质中无色，碱化后则为稳定的黄色溶液，黄色的深浅与 $NO_3^-$-N 含量在一定范围内成正相关，可在400~425nm 处（或用蓝色滤光片）比色测定。酚二磺酸法的灵敏度很高，可测出溶液中 0.1mol/L $NO_3^-$-N，测定范围为 0.1~2mol/L。

## 三、主要仪器设备

分光光度计，水浴锅，瓷蒸发皿。

## 四、试剂

$CaSO_4 \cdot 2H_2O$(分析纯、粉状)，$CaCO_3$(分析纯、粉状)，$Ca(OH)_2$(分析纯、粉状)，$MgCO_3$(分析纯、粉状)，$Ag_2SO_4$(分析纯、粉状)，1∶1$NH_4OH$，活性炭(不含 $NO_3^-$)。

（1）酚二磺酸试剂。称取白色苯酚（$C_6H_5OH$，分析纯）25.0g 置于 500mL 三角瓶中，以 150mL 纯浓 $H_2SO_4$ 溶解，再加入发烟 $H_2SO_4$ 75mL 并置于沸水中加热 2h，可得酚二磺酸溶液，储于棕色瓶中保存。使用时须注意其强烈的腐蚀性。如无发烟 $H_2SO_4$，可用酚 25.0g，加浓 $H_2SO_4$ 225mL，沸水加热 6h 配制。试剂冷后可能析出结晶，用时须重新加热溶解，但不可加水，试剂必须贮于密闭的玻塞棕色瓶中，严防吸湿。

（2）10μg/mL $NO_3^-$-N 标准溶液。准确称取 $KNO_3$(二级) 0.7221g 溶于水，定容 1L，此为 100μg/mL $NO_3^-$-N 溶液，将此液准确稀释 10 倍，即为 10μg/mL

$NO_3^-$-N 标准溶液。

## 五、操作步骤

（1）浸提。称取新鲜土样 50g 放在 500mL 三角瓶中，加入 $CaSO_4 \cdot 2H_2O$ 0.5g 和水 250mL，盖塞后，用振荡机振荡 10min。放置 5min 后，将悬液的上部清液用干滤纸过滤，澄清的滤液收集在干燥洁净的三角瓶中。如果滤液因有机质而呈现颜色，可加活性炭除之。

（2）测定。吸取清液 25~50mL（含 $NO_3^-$-$N_2O$ 约 150μg）于瓷蒸发皿中，加 $CaCO_3$ 约 0.05g，在水浴上蒸干，到达干燥时不应继续加热。冷却，迅速加入酚二磺酸试剂 2mL，将皿旋转，使试剂接触到所有的蒸干物。静止 10min 使其充分作用后，加水 20mL，用玻璃棒搅拌直到蒸干物完全溶解。冷却后缓缓加入 1∶1$NH_4OH$ 并不断搅拌混匀，至溶液呈微碱性（溶液显黄色）再多加 2mL，以保证 $NH_4OH$ 试剂过量。然后将溶液全部转入 100mL 容量瓶中，加水定容。在分光光度计上用光径 1cm 比色杯在波长 420nm 处比色，以空白溶液作参比，调节仪器零点。

（3）$NO_3^-$-N 工作曲线绘制。分别取 10μg/mL $NO_3^-$-N 标准液 0mL、1mL、2mL、5mL、10mL、15mL、20mL 于蒸发皿中，在水浴上蒸干，与待测液相同操作，进行显色和比色，绘制成标准曲线，或用计算器求出回归方程。

## 六、结果计算

土壤中 $NO_3^-$-N 含量（mg/kg）按下式计算：

$$\text{土壤中 } NO_3^- - N \text{ 含量} = \frac{\rho(NO_3^- - N) \times V \times ts}{m}$$

式中，$\rho(NO_3^-$-$N)$ 为从标准曲线上查得（或回归所求）的显色液 $NO_3^-$-N 质量浓度，μg/mL；$V$ 为显色液的体积，mL；$ts$ 为分取倍数；$m$ 为烘干样品质量，g。

# 实验 38　典型茶园土壤铵态氮含量的测定

## 一、实验意义和目的

无机态氮主要是铵态氮和硝态氮，有时有少量亚硝态氮的存在。土壤中硝态氮和铵态氮的含量变化大。本实验拟对典型茶园土壤氨态氮含量进行测定，为茶园土壤营养平衡提供依据。

## 二、实验方法原理

采用 2mol/L KCl 浸提-靛酚蓝比色法，其原理为 2mol/L KCl 溶液浸提土壤，把吸附在土壤胶体上的 $NH_4^+$ 及水溶性 $NH_4^+$ 浸提出来。土壤浸提液中的铵态氮在强碱性介质中与次氯酸盐和苯酚作用，生成水溶性染料靛酚蓝，溶液的颜色很稳定。在含氮 0.05~0.5mol/L 的范围内，吸光度与铵态氮含量成正比，可用比色法测定。

## 三、主要仪器设备

往复式振荡机，分光光度计。

## 四、试剂

（1）2mol/L KCl 溶液。称取 149.1g 氯化钾（KCl，化学纯）溶于水中，稀释至 1L。

（2）苯酚溶液。称取苯酚（$C_6H_5OH$，化学纯）10g 和硝基铁氰化钠 [$Na_2Fe(CN)_5NO_2H_2O$] 100mg 稀释至 1L。此试剂不稳定，须贮于棕色瓶中，在 4℃冰箱中保存。

（3）次氯酸钠碱性溶液。称取氢氧化钠（化学纯）10g、磷酸氢二钠（$Na_2HPO_4 \cdot 7H_2O$，化学纯）7.06g、磷酸钠（$Na_3PO_4 \cdot 12H_2O$，化学纯）31.8g 和 52.5g/L 次氯酸钠（NaOCl，化学纯，即含 5%有效氯的漂白粉溶液）10mL 溶于水中，稀释至 1L，贮于棕色瓶中，在 4℃冰箱中保存。

（4）掩蔽剂。将 400g/L 的酒石酸钾钠（$KNaC_4H_4O_6 \cdot 4H_2O$，化学纯）与 100g/L 的 EDTA 二钠盐溶液等体积混合。每 100mL 混合液中加入 10mol/L 氢氧化钠 0.5mL。

（5）2.5μg/mL 铵态氮（$NH_4^+$-N）标准溶液。称取干燥的硫酸铵 [$(NH_4)_2SO_4$，分析纯] 0.4717g 溶于水中，洗入容量瓶后定容至 1L，制备成含铵态氮（N）

100μg/mL 的储存溶液；使用前将其加水稀释 40 倍，即配制成含铵态氮（N）2.5μg/mL 的标准溶液备用。

## 五、操作步骤

（1）浸提。称取相当于 20.00g 干土的新鲜土样（若是风干土，过 10 号筛）准确到 0.01g，置于 200mL 三角瓶中，加入氯化钾溶液 100mL，塞紧塞子，在振荡机上振荡 1h。取出静置，待土壤-氯化钾悬浊液澄清后，吸取一定量上层清液进行分析。如果不能在 24h 内进行，用滤纸过滤悬浊液，将滤液储存在冰箱中备用。

（2）比色。吸取土壤浸出液 2~10mL（含 $NH_4^+$-N 2~25μg）放入 50mL 容量瓶中，用氯化钾溶液补充至 10mL，然后加入苯酚溶液 5mL 和次氯酸钠碱性溶液 5mL，摇匀。在 20℃左右的室温下放置 1h 后，加掩蔽剂 1mL 以溶解可能产生的沉淀物，然后用水定容至刻度。用 1cm 比色槽在 625nm 波长处（或红色滤光片）进行比色，读取吸光度。

（3）工作曲线。分别吸取 0.00mL、2.00mL、4.00mL、6.00mL、8.00mL、10.00mL $NH_4^+$-N 标准液于 50mL 容量瓶中，各加 10mL 氯化钠溶液，同步骤（2）进行比色测定。

## 六、结果计算

土壤中 $NH_4^+$-N 含量（mg/kg）按下式计算：

$$\text{土壤中 } NH_4^+ - N \text{ 含量} = \frac{\rho(NH_4^+ - N) \times V \times ts}{m}$$

式中，$\rho$ 为显色液铵态氮的质量浓度，μg/mL；$V$ 为显色液的体积，mL；$ts$ 为分取倍数；$m$ 为样品质量，g。

# 第五部分

# 植物生理生化分析创新实验

ZHIWU SHENGLI SHENGHUA FENXI CHUANGXIN SHIYAN

# 实验 39　主要蔬菜体内硝态氮含量的测定

## 一、实验意义和目的

硝态氮是植物最重要的氮源，植物体内硝态氮含量可以反映土壤氮素供应情况，因此常作为施肥指标。菜叶和根菜中常含有大量硝酸盐，在烹调和腌制过程中可转化为亚硝酸盐而危害人体健康，因此，硝酸盐含量又成为鉴定蔬菜及其加工品品质的重要指标。本实验目的是以农贸市场主要蔬菜为实验对象，掌握硝态氮含量的测定原理及方法，为蔬菜食用安全提供依据。

## 二、实验方法原理

在强酸条件下 $NO_3^-$ 与水杨酸反应，生成硝基水杨酸。在碱性条件下（pH>12）呈黄色，在一定范围内，其颜色的深浅与含量成正比，可直接用分光光度计测定。

## 三、主要仪器设备

分光光度计，电子分析天平，10mL、20mL 刻度试管，移液管，25mL 容量瓶，小漏斗（$\phi$5cm），玻棒，洗耳球，电炉，铝锅，玻璃泡，13.7cm 定量滤纸若干。

## 四、材料和试剂

实验材料为农贸市场主要蔬菜的叶片若干。

10μg/mL $NO_3^-$-N 标准母液配制：精确称取烘至恒重的 $KNO_3$ 0.1444g，溶于蒸馏水中，定容至 200mL（即为 100μg/mL $NO_3^-$-N 溶液）。然后再吸取该溶液 10mL，加蒸馏水稀释至 100mL，即为 10μg/mL 的 $NO_3^-$-N 标准液。

5%水杨酸-硫酸溶液配制：称取 5g 水杨酸先加少量浓硫酸（密度为 1.84g/$cm^3$）溶解后，再加浓硫酸定容至 100mL，摇匀，贮于棕色瓶中，置冰箱保存一周有效。

8%氢氧化钠溶液配制：称取 20g 氢氧化钠溶于 250mL 蒸馏水中。

## 五、操作步骤

### （一）$NO_3^-$-N 标准曲线的制作

（1）取 6 支 10mL 刻度试管，编号，按表 39-1 配制每管含量为 0～10μg 的

$NO_3^-$-N 标准液。加入表中试剂后，摇匀。在室温下放置 20min 后，每管再加入 8.6mL 8%NaOH 溶液，摇匀，使显色液总体积为 10mL。然后以 0 号管为空白对照，在 410nm 波长处测定吸光度（*A*）。

**表 39-1　$NO_3^-$-N 标准曲线配制的参考表**

| 项　　目 | | 管号 | | | | | |
|---|---|---|---|---|---|---|---|
| | | 0 | 1 | 2 | 3 | 4 | 5 |
| 试剂 | 10μg/mL $NO_3^-$-N 标准母液/mL | 0 | 0.2 | 0.4 | 0.6 | 0.8 | 1.0 |
| | 蒸馏水/mL | 1 | 0.8 | 0.6 | 0.4 | 0.2 | 0 |
| | 5%水杨酸-硫酸溶液/mL | 0.4 | 0.4 | 0.4 | 0.4 | 0.4 | 0.4 |
| 每管 $NO_3^-$-N 含量/μg | | 0 | 2 | 4 | 6 | 8 | 10 |

（2）标准曲线绘制。以 1~5 号管的 $NO_3^-$-N 含量为横坐标，吸光度为纵坐标，绘制标准曲线。

（二）样品中硝酸盐的测定

1. 样品液的制备

取一定量的植物叶片剪碎混匀，称取 2~3g（三份），分别放入三支 20mL 刻度试管中，加入 10mL 蒸馏水，用玻璃泡封口，置于沸水浴中提取 30min。到时间后取出，用自来水冷却，将提取液过滤到 25mL 容量瓶中，并用蒸馏水反复冲洗残渣，最后定容至刻度。

2. 样品液的测定

取三支 10mL 刻度试管，分别加入样品液 0.1mL、蒸馏水 0.9mL、5%水杨酸-硫酸溶液 0.4mL，混匀后置室温下 20min，再慢慢加入 8.6mL 8%NaOH 溶液，摇匀，使显色总体积为 10mL，待冷却至室温后，以标准曲线 0 号管作空白对照，在 410m 波长处测定吸光度（*A*）。

## 六、结果计算

根据样品液所测得的吸光度（*A*），从标准曲线上查出 $NO_3^-$-N 的含量，按下式计算样品中 $NO_3^-$-N 含量（μg/g）：

$$\text{样品中 } NO_3^- - N \text{ 含量} = \frac{X \times \text{样品提取液总量(mL)}}{\text{样品鲜重(g)} \times \text{测定时样品液用量(mL)}}$$

式中，*X* 为从标准曲线查得的 $NO_3^-$-N 的含量，μg。

# 实验 40　主要蔬菜叶绿素含量的测定

## 一、实验意义和目的

叶绿素的含量与植物光合作用及氮素营养有密切的关系，在科学施肥、育种及植物病理研究上常有测定的需要。以农贸市场主要蔬菜为研究对象，掌握叶绿素 a、叶绿素 b 含量测定的基本原理和方法，为蔬菜食品安全提供依据。

## 二、实验方法原理

叶绿素与其他显色物质一样，在溶液中如液层厚度不变则其吸光度与它的浓度成一定的比例关系。已知叶绿素 a、叶绿素 b 在 652nm 波长处有相同的比吸收系数（均为 34.5）。因此，在此波长下测定叶绿素溶液的吸光度，可计算出叶绿素 a、叶绿素 b 的总量。

叶绿素 a、叶绿素 b 分别在 663nm 和 645nm 波长处有最大的吸收峰，同时在该波长处叶绿素 a、叶绿素 b 的比吸收系数 $K$ 为已知，我们即可以根据 Lambert-Beer 定律，列出浓度 $C$ 与吸光度 $A$ 之间的关系式：

$$A_{663} = 82.04C_a + 9.27C_b \tag{40-1}$$

$$A_{645} = 16.75C_a + 45.6C_b \tag{40-2}$$

式中，$A_{663}$、$A_{645}$分别为叶绿素溶液在波长 663nm 和 645nm 时测得的吸光度；$C_a$、$C_b$ 为叶绿素 a、叶绿素 b 的浓度，mg/L；82.04、9.27 为叶绿素 a、叶绿素 b 在波长 663nm 下的比吸收系数；16.75、45.6 为叶绿素 a、叶绿素 b 在波长 645nm 下的比吸收系数。

解式（40-1）、式（40-2）联立方程，得：

$$C_a = 12.70A_{663} - 2.69A_{645} \tag{40-3}$$

$$C_b = 22.9A_{645} - 4.68A_{663} \tag{40-4}$$

$$C_T = C_a + C_b = 20.21A_{645} + 8.02A_{663} \tag{40-5}$$

式中，$C_a$、$C_b$ 为叶绿素 a、叶绿素 b 的浓度，$C_T$ 为总叶绿素浓度，mg/L。利用式（40-3）~式（40-5）可以分别计算出叶绿素 a、叶绿素 b 及总叶绿素浓度。

## 三、主要仪器设备

电子分析天平，分光光度计，恒温水浴锅，25mL 刻度试管，剪刀，试管，试管架，玻棒等。

## 四、材料和试剂

材料：农贸市场主要蔬菜，如菠菜叶、芥菜叶或其他植物叶片。

试剂：80%乙醇。

## 五、操作步骤

从植株上选取有代表性的叶片数张（除去粗大叶脉）剪碎后混匀，快速称取0.2g(可视样品叶绿素含量高低而增减用量)，置于25mL刻度试管中，加80%乙醇10mL左右，加塞放入60~80℃水浴中保温提取叶绿素（或常温下放在暗处浸提12~24h)，至叶片全部退绿为止，冷却后，用80%乙醇定容至刻度，此液即为叶绿素提取液。

取光径为1cm的比色杯，加入叶绿素提取液距比色杯口1cm处，以80%乙醇作为对照，分别于663nm及645nm波长下测定吸光度（$A$)。

## 六、结果计算

将测定得到的吸光度$A_{663}$、$A_{645}$分别代入式（40-3）~式（40-5）计算出$C_a$、$C_b$及$C_T$(即叶绿素a、叶绿素b及叶绿素总量浓度)。再按下式计算出叶绿素a含量、叶绿素b含量及叶绿素总含量（mg/g)：

$$\text{叶绿素 a 含量} = \frac{C_a \times \text{提取液总量(mL)}}{\text{样品鲜重(g)} \times 1000}$$

$$\text{叶绿素 b 含量} = \frac{C_b \times \text{提取液总量(mL)}}{\text{样品鲜重(g)} \times 1000}$$

$$\text{叶绿素总含量} = \frac{C_T \times \text{提取液总量(mL)}}{\text{样品鲜重(g)} \times 1000}$$

最后计算出叶绿素a/叶绿素b的比值，并加以分析。

# 实验41　主要水果中维生素C含量的测定

## 一、实验意义和目的

维生素C是人类营养中重要的维生素之一，缺乏时会产生坏血病。水果、蔬菜是供给人类维生素C的主要来源，不同栽培条件、成熟度都可以影响水果、蔬菜中维生素C的含量，对维生素C含量的测定，可以了解果蔬质量的高低。以农贸市场主要蔬菜为实验对象，掌握一个简便快速测定植物组织中维生素C含量的原理和方法，为贵阳蔬菜食品安全提供依据。

## 二、实验方法原理

维生素C即为抗坏血酸，其分子中含有两个烯醇基，当用染料2，6-二氯酚靛酚钠盐作氧化剂时，可将还原态的抗坏血酸氧化成脱氢抗坏血酸，而染料本身被还原成无色的衍生物。

2，6-二氯酚靛酚钠盐（2，6-Dichlorophenol-indophenol，Sodium Derivative）。在氧化态时为蓝色，在还原态时为无色，同时在酸性溶液中呈红色。在滴定时，存在于植物提取液中的抗坏血酸将2，6-二氯酚靛酚钠盐还原为无色。到滴定终点时，多余的2，6-二氯酚靛酚钠盐却呈现为微红色。根据2，6-二氯酚靛酚钠盐的用量即可求出样品中抗坏血酸含量。

## 三、主要仪器设备

组织捣碎机，天平，不锈钢刀，微量滴定管，50mL容量瓶，100mL容量瓶，50mL三角瓶，漏斗，漏斗架，10mL移液管，玻棒，脱脂棉，研钵，小烧杯。

## 四、材料和试剂

材料：贵阳主要水果，如苹果、橘子、橙子等。

试剂：2%草酸，1%草酸，0.02% 2，6-二氯酚靛酚钠盐。

## 五、操作步骤

### （一）维生素C的提取

（1）用不锈钢刀在玻璃板上或磁皿中将样品粗粗切碎，注意勿与铁器及铜器接触，切的时候要尽量迅速。

（2）称取上述切碎混匀的样品100g，加入100mL 2%草酸，放入组织捣碎机中打成匀浆。

（3）称取 10~30g 匀浆（含抗坏血酸 1~5mg），倒入 100mL 量瓶中，用 1%草酸稀释至刻度，此操作应尽量迅速，以免抗坏血酸氧化，匀浆如有泡沫，可加数滴辛醇或乙醚以除去之（用棉花过滤，滤液即为待测液）。

如果没有组织捣碎器，可以放在研钵中研磨，研磨时间应不长于 10min。

如果材料是流质（如橙汁等），则无须研磨，直接取一定数量的汁液，加等量 2%草酸。

用干滤纸过滤，弃去起初数毫升滤液（或用离心机离心）。

（二）维生素 C 含量测定

（1）用干净吸管吸取滤液 10mL，放入 50mL 三角瓶中，（如果样品中含抗坏血酸很低，100g 中含 5mg 以下，可取 25mL）立即用二氯酚靛酚钠迅速滴定，直到淡粉红色能存在 1s 为止，重复滴定三次。为准确起见，应该用微量滴定管滴定。

滴定时，起初染料需很快加入，直至粉红色出现而立即消失，而后尽可能快地一滴一滴加入，同时不停摇匀，直至粉红色存在 1s。样品中可能有其他杂质也能还原二氯酚靛酚钠，但一般杂质还原二氯酚靛酚钠速度较慢，故滴定速度是很重要的。终点以粉红色存在 1s 为准。如时间过长，则其他杂质也可能参加还原作用。滴定应该在 1min 内完成，要使结果准确，滴定的 2，6-二氯酚靛酚钠溶液不应少于 1mL 或多于 4mL，如滴定数少于 1mL 或多于 4mL，则必须增减样品用量或将提取液稀释。

（2）另取 10mL1%草酸，用染料滴定至如上述终点，作为空白实验。

## 六、结果计算

抗坏血酸含量（mg/(100g)）可按下式计算：

$$抗坏血酸 = \frac{(V_1 - V_2) \times T}{W} \times 100$$

式中　$W$——滴定时所用之样品稀释液中所含材料，g；

$V_1$——滴定提取液时用去染料的体积，mL；

$V_2$——滴定空白时用去染料的体积，mL；

$T$——每 1mL 染料所氧化抗坏血酸的质量，mg。

$T$ 的求法：先配置标准抗坏血酸溶液，用 1%草酸溶液溶解 10mg 纯的抗坏血酸并定容至 50mL，此液 1mL 便含有抗坏血酸 0. 2mg，然后取此液 5mL（含 1mg 抗坏血酸），加入 1%草酸 5mL，以 0. 02%2，6-二氯酚靛酚钠滴定之，至粉红色能存在 1s 为终点。所用的染料用量，相当于 1mg 抗坏血酸。由此求出 1mL 染料相当于多少 mg 抗坏血酸（$T$）。例如：滴定 5mL 标准抗坏血酸时，用去染料的量为

12mL，则 $T=1/12=0.083$mg/mL。由于抗坏血酸很不稳定，故配置后必须马上进行标定。

## 七、记录

将实验结果记入表 41-1 中。

**表 41-1　实验记录表**

| 植物名称 | 测定部位 | 成熟期 | 维生素 C 含量/mg·(100g)$^{-1}$ |
|---|---|---|---|
| | | | |
| | | | |
| | | | |

# 实验 42　污染胁迫对湿地植物根系活力的影响

## 一、实验意义和目的

随着国民经济的发展，中药、中成药制药企业得到大力发展，与此同时该类企业排放的废水已成为严重污染源之一。因而，如何处理难降解中药废水是废水治理中的难点和重点。同时，人工湿地污水处理系统具有资金投入低、操作简单、能耗低等优点，最近 30 年在国内外被广泛运用于处理生活污水、暴雨径流污水、工业污水、农业污水、酸性矿山废水以及垃圾渗滤液等。

再力花（*Thalia dealbata*）别名水竹芋，是竹芋科再力花属的多年生宿根挺水湿地植物。再力花不仅具备较高的观赏价值，而且能够耐受富营养水质，吸附重金属，具有极强的去污能力，常用于人工湿地处理污水。

植物根系是水肥的主要吸收器官，又是很多物质同化、转化或合成的器官，因此根的生长情况和活动能力直接影响植物整体的生长情况、营养水平和产量水平。因而，本实验拟在小型模拟人工湿地实验系统中，以 4 种不同浓度的中药废水进行污染胁迫，以了解湿地植物再力花的适应能力，并研究其根系活力对中药废水的响应机制，掌握用 α-萘胺法测定植物根系活力的原理和技术，为拓展其在人工湿地植被选择中的应用提供实验依据。

## 二、实验方法原理

吸附在根表面的 α-萘胺会被植物根所氧化，生成红色的 2-羟基-1-萘胺沉淀于具有氧化力的根表，使这部分根染成红色。

根对 α-萘胺的氧化力与其呼吸强度，主要是与呼吸酶过氧化物酶活性有着密切关系，据认为 α-萘胺氧化过程是在过氧化物酶的催化下进行的，该酶的活力越强，对 α-萘胺的氧化力就越强，染色也就越深。因此，可以根据染色深浅定性地判断根的活力。

如需对根活力进行定量测定，可根据 α-萘胺溶液与根系接触一定时间后，α-萘胺的减少量来确定。α-萘胺在酸性环境中与对氨基苯磺酸和亚硝酸盐作用生成红色的偶氮染料。在 520nm 波长处测定所生成的染料的吸光度，即可求出 α-萘胺的含量。

求出与根接触前后 α-萘胺的含量，就可以求出根系对 α-萘胺的氧化活力，从而测定出植物根系的氧化活力大小。

## 三、主要仪器设备

分光光度计，电子分析天平，振荡器，刻度试管（或普通试管），试管架，移液管（10mL、2mL、1mL），移液管架，吸水纸，洗耳球，黑纸，100mL 三角瓶，100mL 量筒。

## 四、材料和试剂

（一）材料

中药废水污染胁迫下再力花的植物根系。

（二）试剂及配制

（1）50μg/mL α-萘胺母液的配制。精确称取 0.1000g 分析纯 α-萘胺溶于约 50mL 蒸馏水中（微微加热），冷却后定容至 100mL，即为 1000μg/mL α-萘胺溶液，保存于棕色瓶中，置于低温黑暗处保存。使用前吸取 1000μg/mL α-萘胺溶液 50mL 加蒸馏水稀释至 1000mL 即为 50μg/mL α-萘胺母液。

（2）1%对氨基苯磺酸溶液配制。称取 1g 对氨基苯磺酸溶于 100mL 30%乙酸中。

（3）100μg/mL 亚硝酸钠溶液配制。称取 0.1g 亚硝酸钠溶于 1000mL 蒸馏水中。

（4）0.1mol/L 磷酸缓冲液（pH7.0）：

A 液：称取纯 $Na_2HPO_4 \cdot 2H_2O$11.876g 溶于蒸馏水中成 1000mL。

B 液：称取 $KH_2PO_4$ 9.078g 溶于蒸馏水中成 1000mL。

用时取 A 液 60mL，B 液 40mL 混合即成。

## 五、操作步骤

（一）α-萘胺标准曲线的制作

（1）取 6 支 20mL 刻度试管，编号，按表 42-1 配制每管含量为 0~50μg 的 α-萘胺标准溶液。

**表 42-1　α-萘胺标准溶液配制的参考表**

| 项目 | | 管号 | | | | | |
|---|---|---|---|---|---|---|---|
| | | 0 | 1 | 2 | 3 | 4 | 5 |
| 试剂 | 50μg/mL α-萘胺母液/mL | 0 | 0.2 | 0.4 | 0.6 | 0.8 | 1.0 |
| | 蒸馏水/mL | 11 | 10.8 | 10.6 | 10.4 | 10.2 | 10 |
| | 磷酸缓冲液/mL | 1 | 1 | 1 | 1 | 1 | 1 |
| | 1%对氨基苯磺酸/mL | 1 | 1 | 1 | 1 | 1 | 1 |
| | 100μg/mL 亚硝酸钠/mL | 1 | 1 | 1 | 1 | 1 | 1 |
| 每管 α-萘胺含量/μg | | 0 | 10 | 20 | 30 | 40 | 50 |

加入表 42-1 中试剂后，摇匀，置于室温（20~25℃）显色 5min，然后加入

蒸馏水，使每管总体积为20mL，摇匀，在20~60min内，以0号管为空白对照，在520nm波长处测定每管吸光度（$A$）。

（2）标准曲线绘制

以1~5号管的α-萘胺含量为横坐标，吸光度为纵坐标绘制标准曲线。

（二）根系处理及空白实验

（1）把待测定再力花根用水洗净，再用吸水纸吸干根上的水后，称取1~2g，放入100mL三角瓶中，加入50μg/mL的α-萘胺溶液和磷酸缓冲液的等量混合液50mL轻轻摇动。

（2）静置10min后，根的迅速吸附已经完毕，从瓶中取2mL溶液放入20mL刻度试管测定。

α-萘胺含量［见下方法（三）］，以此作为初始值（第一次取液）。其余的溶液塞好瓶塞后，放在振荡器上，在25℃下反应振荡3~6h（无振荡器时，要在反应期间，定时摇动）。反应时间完毕后再取2mL溶液放入刻度试管，待测（第二次取液）。因萘胺溶液会自动氧化，所以在做根系处理时要同时做无根的同样操作的空白实验。

（三）测定

在上述两次所取及两次空白实验所取得2mL测定液中，各加入10mL蒸馏水，混匀后再加入1%对氨基苯磺酸1mL和100μg/mL的亚硝酸钠溶液1mL。混匀，置室温（20~25℃）显色5min，然后加入蒸馏水，使总体积为20mL，摇匀，在20~60min内，以标准曲线0号管为空白对照，在520nm波长处测定吸光度（$A$）。

## 六、结果计算

根据第一次和第二次样液所测得的吸光度值，从标准曲线查出α-萘胺含量，按下公式计算α-萘胺氧化值：

α－萘胺氧化总量(μg)＝［第一次取液测定值(μg)－第二次取液测定值(μg)］×48/测定时提取液用量(mL)

α－萘胺自发氧化总量(μg)＝［第一次空白测定值(μg)－第二次空白测定值(μg)］×48/测定时提取液用量(mL)

式中，48为测定时提取液总量，mL。

$$\text{α－萘胺生物氧化强度（α－萘胺 μg/(g·h)）} = \frac{\text{α－萘胺氧化总量(μg)－α－萘胺自发氧化量(μg)}}{\text{反应时间(h)×根鲜重(g)}}$$

## 七、数据及结果记录

将实验数据和结果记入表 42-1 中。

**表 42-1　作物根系活力测定（α-萘胺氧化值）记录表**

| 处理 | 根鲜重/g | 样品测定 α-萘胺含量/μg | | 空白测定 α-萘胺含量/μg | | α-萘胺氧化总量/μg | α-萘胺自发氧化量/μg | α-萘胺生物氧化强度/α-萘胺 μg·(g·h)$^{-1}$ |
|---|---|---|---|---|---|---|---|---|
| | | 第一次取液 | 第二次取液 | 第一次取液 | 第二次取液 | | | |
| | | | | | | | | |

# 实验 43　污染胁迫对湿地植物体内丙二醛含量的影响

## 一、实验意义和目的

近年来重金属污染已成为世界性的重大环境问题，水体重金属污染治理已成为水处理领域的重要课题。目前人们关注比较多的是 Cr、Cd、Pb、Zn、Hg 等重金属，大量的研究工作围绕超富集植物的筛选、重金属对植物的生理伤害及植物的抗性表现展开。

芦苇（*Phragmites Australis*）作为一种大型挺水植物，被广泛且成功地应用于湿地中有毒重金属元素污染的植物指示、植物修复、植物萃取等研究。目前，国外学者对芦苇中有毒重金属元素的吸收、分布、迁移和释放规律及毒害效应等有了一定的认识，而国内对湿地芦苇中有毒重金属元素的研究尚处于起步阶段。

本实验拟选取芦苇（*Phragmites Australis*）为植物材料，研究重金属铬 Cr 对芦苇茎叶部的细胞膜脂过氧化伤害（丙二醛含量变化）对重金属铬 Cr 胁迫的反应，旨在确定水体重金属污染对芦苇的生理毒害作用，为水生植物修复重金属污染水体提供理论基础及为该技术的推广提供实验依据。

## 二、实验方法原理

丙二醛（MDA）是由于植物器官衰老或在逆境条件下受伤害，其组织或器官膜脂质发生过氧化反应而产生的。测定植物体内丙二醛含量，通常利用硫代巴比妥酸（TBA）在酸性条件下加热与组织中的丙二醛产生显色反应，生成红棕色的三甲川（3、5、5-三甲基恶唑 2、4-二酮），三甲川最大的吸收波长在 532nm。但是测定植物组织中 MDA 时受多种物质的干扰，最主要的是可溶性糖，糖与硫代巴比妥酸显色反应产物的最大吸收波长在 450nm 处，在 532nm 处也有吸收。植物遭受干旱、高温、低温等逆境胁迫时可溶性糖增加，因此测定植物组织中丙二醛与硫代巴比妥酸反应产物含量时一定要排除可溶性糖的干扰。此外在 532nm 波长处尚有非特异的背景吸收的影响也要加以排除。低浓度的铁离子能显著增加硫代巴比妥酸与蔗糖或丙二醛显色反应物在 532nm、450nm 处的吸光度值，所以在蔗糖、丙二醛与硫代巴比妥酸显色反应中需要有一定的铁离子，通常植物组织中铁离子的含量为 100~300μg/g，根据植物样品量和提取液的体积，加入 $Fe^{3+}$ 的终浓度为 0. 5nmol/L。在 532nm、600nm 和 450nm 波长处测定吸光度值，可计算出丙二醛含量。

## 三、主要仪器设备

离心机、分光光度计，电子分析天平，恒温水浴，研钵，试管，移液管（1mL、5mL）、试管架，移液管架，洗耳球，剪刀。

## 四、材料和试剂

（1）材料：铬胁迫下的芦苇叶片若干。

（2）试剂：10%三氯乙酸，0.6%硫代巴比妥酸（TBA）溶液，石英砂。

## 五、操作步骤

（1）丙二醛的提取。称取受干旱、高温、低温等逆境胁迫的植物叶片 1g，加入少量石英砂和 2mL 10%三氯乙酸，研磨至匀浆，再加 8mL 10%三氯乙酸进一步研磨，匀浆以 4000r/min 离心 10min，其上清液为丙二醛提取液。

（2）显色反应及测定。取 4 支干净试管，编号，3 支为样品管（三个重复），各加入提取液 2mL，对照管加蒸馏水 2mL，然后各管再加入 2mL 0.6%硫代巴比妥酸溶液。摇匀，混合液在沸水浴中反应 15min，迅速冷却后再离心。取上清液分别在 532nm、600nm 和 450nm 波长下测定吸光度（$A$）。

## 六、结果计算

由于蔗糖-TBA 反应产物的最大吸收波长为 450nm，毫摩尔吸收系数为 $85.4\times10^{-3}$，MDA-TBA 反应产物在 532nm 的毫摩尔吸收系数分别是 $7.4\times10^{-3}$ 和 $155\times10^{-3}$。532nm 非特异性吸光度可以 600nm 波长处的吸光值代表。

按双组分分光光度法原理，建立方程组，解此方程组即可求出可溶性糖浓度（mmol/L）和 MDA 浓度（μmol/L）。

方程组：

$$\begin{cases} A_{450} = 85.4 \times 10^{-3} C_{糖} \\ A_{532} - A_{600} = 1.55 \times 10^{-3} C_{MDA} + 7.4 \times 10^{-3} C_{糖} \end{cases}$$

解得：

$$C_{糖} = \frac{A_{450}}{85.4 \times 10^{-3}} = 11.71 A_{450}$$

$$C_{MDA} = 6.45(A_{532} - A_{600}) - 0.56 A_{450}$$

式中　$A_{450}$——在 450nm 波长下测得的吸光度；

$A_{532}$——在 532nm 波长下测得的吸光度；

$A_{600}$——在 600nm 波长下测得的吸光度；

$1.55\times10^{5}$——摩尔比吸收系数；

$C_{糖}$，$C_{MDA}$——分别为反应混合液中可溶性糖、MDA 的浓度。

（1）按下式计算提取液中 MDA 浓度（μmol/mL）：

$$提取液中\ MDA\ 浓度 = \frac{C_{MDA} \times \frac{反应液体积(mL)}{1000}}{测定时提取液用量(mL)}$$

（2）按下式计算样品中 MDA 含量（μmol/g）：

$$MDA\ 含量 = \frac{提取液中\ MDA\ 浓度(\mu mol/mL) \times 提取液总量(mL)}{植物组织鲜重(g)}$$

# 实验 44　污染胁迫对湿地植物体内游离脯氨酸含量的影响

## 一、实验意义和目的

铬污染主要来源于电镀、制革、冶金和化工等工业“三废”排放，现已成为严重的环境问题。其中，Cr(Ⅵ) 的毒性远比 Cr(Ⅲ) 强，对植物与环境具有较大的危害，并可能通过食物链危害人体健康。因而，重金属污染植物修复技术和耐性植物的研究日益引起重视。茭白（*Zizania latifolia*）为禾本科多年生挺水湿地植物，是我国常见的一种水生蔬菜，同时是具有较强污水净化能力的湿地植物之一，对重金属胁迫的耐性较强。

在逆境条件下（旱、热、冷、冻），植物体内脯氨酸的含量显著增加，植物体内脯氨酸含量在一定程度上反映了植物的抗逆性，抗旱性强的品种积累的脯氨酸多。因此测定脯氨酸含量可以作为抗旱育种的生理指标。因而，本实验拟在模拟小型湿地实验系统中，用不同浓度的含铬（Ⅵ）废水进行污染胁迫，以研究茭白的游离脯氨酸含量变化情况，为其在水体铬污染修复的运用提供科学依据。

## 二、实验方法原理

磺基水杨酸对脯氨酸有特定反应，当用磺基水杨酸提取植物样品时，脯氨酸便游离于磺基水杨酸溶液中。然后用酸性茚三酮加热处理后，茚三酮与脯氨酸反应，生成稳定的红色化合物，再用甲苯处理，则色素全部转移至甲苯中，色素的深浅即表示脯氨酸含量的高低。在 520nm 波长下测定吸光度，可从标准曲线上查出脯氨酸的含量。

## 三、主要仪器设备

分光光度计，电子分析天平，离心机，小烧杯，普通试管，移液管，注射器，恒温水浴锅，漏斗，漏斗架，滤纸，剪刀，洗耳球。

## 四、材料、试剂

（一）材料

含铬（Ⅵ）废水污染胁迫后的茭白叶片。

（二）试剂及配制

2.5%酸性茚三酮溶液配制：将 1.25g 茚三酮溶于 30mL 冰醋酸和 20mL 6mol/L

磷酸中，搅拌加热（70℃）溶解，贮于冰箱中。

3%磺基水杨酸配制：3g 磺基水杨酸加蒸馏水溶解后定容至 100mL。

10μg/mL 脯氨酸标准母液配制：精确称取 20mg 脯氨酸，倒入小烧杯内，用少量蒸馏水溶解，再倒入 200mL 容量瓶中，加蒸馏水定容至刻度（为 100μg/mL 脯氨酸母液），再吸取该溶液 10mL，加蒸馏水稀释定容至 100mL，即为 10μg/mL 脯氨酸标准液。

冰醋酸，甲苯。

## 五、操作步骤

### （一）脯氨酸标准曲线的制作

（1）取 6 支试管，编号，按表 44-1 配制每管含量为 0~12μg 的脯氨酸标准液。加入表中试剂后，置于沸水浴中加热 30min。取出冷却，各试管再加入 4mL 甲苯，振荡 30s 钟，静置片刻，使色素全部转至甲苯溶液。

**表 44-1　脯氨酸标准配制的参考表**

| 项　目 | | 管　号 | | | | | |
| --- | --- | --- | --- | --- | --- | --- | --- |
| | | 0 | 1 | 2 | 3 | 4 | 5 |
| 试剂 | 10μg/mL 脯氨酸标准液/mL | 0 | 0.2 | 0.4 | 0.6 | 0.8 | 1.0 |
| | 蒸馏水/mL | 2 | 1.8 | 1.6 | 1.4 | 1.2 | 1.0 |
| | 冰醋酸/mL | 2 | 2 | 2 | 2 | 2 | 2 |
| | 2.5%酸性茚三酮/mL | 2 | 2 | 2 | 2 | 2 | 2 |
| 每管脯氨酸含量/μg | | 0 | 2 | 4 | 6 | 8 | 10 |

（2）用注射器轻轻吸取各管上层脯氨酸甲苯溶液至比色杯中，以甲苯溶液为空白对照，在 520mm 波长处测定吸光度（$A$）。

（3）标准曲线的绘制

以 1~5 号管脯氨酸含量为横坐标，吸光度为纵坐标，制作标准曲线。

### （二）样品的测定

（1）脯氨酸的提取。称取不同处理的植物叶片各 0.5g，分别置于大试管中，然后向各管分别加入 5mL 3%的磺基水杨酸溶液，在沸水浴中提取 10min（提取过程中要经常摇动），冷却后过滤于干净的试管中，滤液即为脯氨酸的提取液。

（2）测定。吸取 2mL 提取液于带玻塞试管中，加入 2mL 冰醋酸及 2mL 2.5%酸性茚三酮试剂，在沸水浴中加热 30min，溶液即呈红色。冷却后加入 4mL 甲苯，摇荡 30s，静置片刻，取上层液至 10mL 离心管中，在 3000r/min 离心 5min。

用吸管轻轻吸取上层脯氨酸红色甲苯溶液于比色杯中，以甲苯溶液为空白对照，在 520mm 波长处测定吸光度（$A$）。

## 六、结果计算

从标准曲线上查出样品测定液中脯氨酸的含量，按如下公式计算样品中脯氨酸含量（μg/g）：

$$脯氨酸含量 = \frac{X \times 提取液总量(mL)}{样品鲜重(g) \times 测定时提取液用量(mL)}$$

式中，$X$ 为从标准曲线中查得的脯氨酸含量，μg。

## 七、注意事项

（1）配置的酸性茚三酮溶液仅在 24h 内稳定，因此最好现用现配。

（2）测定样品若进行过渗透胁迫处理，结果会更显著。

（3）试剂添加次序不能出错。

# 实验 45　污染胁迫对湿地植物体内过氧化物酶活性的影响

## 一、实验意义和目的

过氧化物酶普遍存在于植物组织中，其活性与植物的代谢强度及抗寒、抗病性能有一定关系，它在代谢中调控 IAA 水平，并可作为一种活性氧防御物质，消除机体内产生的 $H_2O_2$ 的毒害作用。故在科研上常加以测定，以含铬（Ⅵ）废水污染胁迫后的茭白叶片为实验对象，判定污染胁迫对湿地植物过氧化物酶活性的影响大小。

## 二、实验方法原理

在过氧化氢存在下，过氧化物酶能使愈创木酚氧化，生成茶褐色 4-邻甲氧基苯酚，在 470nm 波长处测定生成物的吸光度（$A$），即可求出该酶活性。

## 三、主要仪器设备

分光光度计，离心机，离心管，研钵，移液管，移液管架，试管，试管架，洗耳球。

## 四、材料和试剂

材料：含铬（Ⅵ）废水污染胁迫后的茭白叶片。

试剂：0.1mol/L 磷酸缓冲液（pH 7），反应液（100mL 0.1mol/L 磷酸缓冲液（pH6.0）中加入 0.5mL 愈创木酚、1mL 30%$H_2O_2$，充分摇匀）。

## 五、操作步骤

（1）酶液提取。称取植物叶片 1g，剪碎置于已冷冻过的研钵中，加入少量石英砂，分两次加入总量为 10mL pH 7.0 磷酸缓冲液，研磨成匀浆后，倒入离心管中，在 8000r/min 离心 15min，上清液即为粗酶提取液，倒入小试管低温下放置备用。

（2）酶活性测定。吸取反应液 3mL 于试管中，加入酶提取液 0.02mL（视酶活性可增减加入量），迅速摇匀后倒入光径 1cm 的比色杯中，以未加酶液之反应液为空白对照，在 470nm 波长处，以时间扫描方式，测定 3min 内吸光度变化，取线性变化部分，计算每分钟吸光度变化（$\Delta A_{470}$）。

## 六、结果计算

按下式计算酶的相对活性（$\Delta A_{470}/g$）：

$$\text{酶活性} = \frac{\Delta A_{470} \times \text{酶提取液总量(mL)}}{\text{样品鲜重(g)} \times \text{测定时酶液用量(mL)}}$$

# 实验 46　污染胁迫对湿地植物体内氧自由基含量的影响

## 一、实验意义和目的

生物体内的一部分氧分子，在参与酶促或非酶促反应时，若只接受一个电子，会转变为超氧阴离子自由基（$O_2^-$）。$O_2^-$ 既能与体内的蛋白质和核酸等活性物质直接作用，又能衍生为 $H_2O_2$ 羟自由基（·OH）、单线态氧（$^1O_2$）等。·OH 可以引发不饱和脂肪酸脂质（RH）过氧化反应，产生一系列自由基，如脂质自由基（·R）、脂氧自由基（RO·）、脂过氧自由基（ROO·）和脂过氧化物（ROOH），自由基积累过多时会对细胞膜及许多生物大分子产生破坏作用。本实验主要掌握植物体内氧自由基的测定原理及方法，以含铬（Ⅵ）废水污染胁迫后的茭白叶片为实验对象，判定污染胁迫对湿地植物氧自由基含量的影响大小。

## 二、实验方法原理

在生物体中，氧作为电子传递的受体，得到单电子时，生成超氧阴离子自由基（$O_2^-$）。利用羟胺氧化的方法可以测定生物系统中 $O_2^-$ 含量。$O_2^-$ 与羟胺反应生成 $NO_2^-$，$NO_2^-$ 在对氨基苯磺酸和 α-萘胺的作用下，生成粉红色的偶氮染料（对-苯磺酸-偶氮-α-萘胺）。取生成物在 530nm 波长处测定吸光度（$A$），根据 $A_{530}$ 可以算出样品中 $O_2^-$ 含量。反应式如下：

$$NH_2OH+2O_2^-+H^+ \longrightarrow NO_2^-+H_2O_2+H_2O$$

## 三、主要仪器设备

高速冷冻离心机，分光光度计，恒温水浴锅，研钵，试管，移液管，试管架，移液管架，洗耳球等。

## 四、材料和试剂

（一）材料

含铬（Ⅵ）废水污染胁迫后的茭白叶片。

（二）试剂

50mmol/L 磷酸缓冲液（pH 7.8）；

1mmol/L 盐酸羟胺；

17mmol/L 对氨基苯磺酸（以冰醋酸∶水＝3∶1 配制）；

7mmol/L α-萘胺（以冰醋酸：水=3：1 配制）；
50nmol/mL $NaNO_2$ 母液。

## 五、操作步骤

（一）提取液制备

称取 1g 植物叶片放入冰浴的研钵中，加入 50mmol/L 磷酸缓冲液（pH 7.8）5mL，研磨成匀浆，在 1000r/min，4℃下离心 10min，取上清液再以 15000r/min、4℃下离心 20min，第二次上清液即为样品提取液。

（二）亚硝酸根标准曲线的制作

（1）系列浓度 $NaNO_2$ 溶液的配制

取 50nmol/mL $NaNO_2$ 母液，分别稀释成 0nmol/mL、10nmol/mL、20nmol/mL、30nmol/mL、40nmol/mL 和 50nmol/mL 的标准稀释液。

（2）取 7 支试管，编 0~6 号，分别加 10nmol/mL、15nmol/mL、20nmol/mL、30nmol/mL、40nmol/mL、50nmol/mL $NaNO_2$ 标准稀释液 1mL，0 号管加蒸馏水 1mL，然后各管再加 50mmol/L 磷酸缓冲液 1mL，17mmol/L 对氨基苯磺酸 1mL 和 7mmol/L α-萘胺 1mL，置于 25℃显色 20min 后，以 0 号管作空白对照，在 530nm 波长处测定吸光度（$A$）。

（3）标准曲线绘制

以 1~6 号管亚硝酸根（$NO_2^-$）浓度为横坐标，吸光度值作纵坐标，绘制标准曲线。

（三）$O_2^-$ 含量测定

取 4 支试管，编 0~3 号，1~3 号管分别加入样品提取液 0.5mL（三个重复），0 号管加蒸馏水 0.5mL，然后各管加入 50mmol/L 磷酸缓冲液 0.5mL，1mmol/L 盐酸羟胺 1mL，混匀，置于 25℃1h 后，各管再加入 17mmol/L 对氨基苯磺酸 1mL 和 7mmol/L α-萘胺 1mL，混匀，置于 25℃显色 20min，以 0 号管为空白对照，在 530nm 波长处测定吸光度（$A$）。

## 六、结果计算

根据所测得的 $A_{530}$，从标准曲线上查得样品中 $NO_2^-$ 浓度，按公式（46-1）即可计算出样品中 $NO_2^-$ 浓度。然后依据羟胺与 $O_2^-$ 的上述反应，从 $NO_2^-$ 对 $O_2^-$ 进行化学计量，按公式（46-2）计算，即将按公式（46-1）计算得到的 $NO_2^-$ 浓度乘 2，得 $O_2^-$ 浓度。也可根据被测样品与羟胺反应的时间和样品中蛋白质含量，按公式（46-3）求得 $O_2^-$ 的生产率。

$$NO_2^-\text{ 含量(nmol/g)} = \frac{\text{从标准曲线查得 }NO_2^-\text{(nmol)} \times \text{提取液总量(mL)}}{\text{样品鲜重(g)} \times \text{测定时提取液用量(mL)}} \tag{46-1}$$

将所得 $NO_2^-$ 含量代入下式计算，即求出 $O_2^-$ 含量：

$$O_2^- \text{含量} = NO_2^-(\text{nmol/g}) \times 2 \tag{46-2}$$

将公式（46-2）所得的 $O_2^-$ 浓度及样品中蛋白质含量，依下式计算出 $O_2^-$ 产生速率：

$$O_2^- \text{产生速率}[\text{nmol/(mg 蛋白} \cdot \text{min)}] = \frac{O_2^-(\text{nmol})}{\text{蛋白质(mg)} \times \text{反应时间(min)}} \tag{46-3}$$

# 实验 47 污染胁迫对湿地植物组织中过氧化氢含量的影响

## 一、实验意义和目的

过氧化氢酶普遍存在于植物组织中，其活性与植物的代谢强度及抗寒、抗病能力均有关系，故常加以测定。通过实验可了解过氧化氢酶的作用，以含铬（Ⅵ）废水污染胁迫后的茭白叶片为实验对象，判定污染胁迫对湿地植物过氧化氢酶活性的影响大小。

## 二、实验方法原理

过氧化氢酶把过氧化氢分解为水和氧，其活性大小，以一定时间内分解的过氧化氢量来表示，当酶与底物（$H_2O_2$）反应结束后，用碘量法测定未分解的 $H_2O_2$ 量。以钼酸铵作催化剂，使 $H_2O_2$ 与 KI 反应，放出游离碘，然后用硫代硫酸钠滴定碘，其反应式为：

$$H_2O_2+2KI+H_2SO_4 \longrightarrow I_2+K_2SO_4+2H_2O$$

$$I_2+2Na_2S_2O_3 \longrightarrow 2NaI+Na_2S_4O_6$$

根据空白和测定两者硫代硫酸钠滴定用量之差，即可求出过氧化氢酶分解 $H_2O_2$ 的量。

## 三、主要仪器设备

分析天平，恒温水浴，研钵，100mL 容量瓶，100mL 三角瓶，滴定管，滴定管架，移液管，移液管架，漏斗，洗耳球等。

## 四、材料和试剂

（一）材料

含铬（Ⅵ）废水污染胁迫后的茭白叶片。

（二）试剂

1. 8mol/L $H_2SO_4$，10%$(NH_4)_6Mo_7O_4$，0.02mol/L $Na_2S_2O_3$，20% KI，1%淀粉液，$CaCO_3$ 粉，石英砂。

0.018%$H_2O_2$ 溶液配制：吸取 30%$H_2O_2$ 原液 0.3mL 至 50mL 容量瓶中，加蒸馏水至刻度，摇匀后再稀释 10 倍。

## 五、操作步骤

### (一) 过氧化氢酶的提取

选取甘蔗功能叶片，擦净去主脉剪成碎片，混匀后迅速称取1g放入经冷冻过的研钵中，加少量$CaCO_3$粉末及石英砂，并加入3~4mL蒸馏水，在冰浴上研磨至匀浆，用蒸馏水将匀浆通过漏斗洗入100mL容量瓶中，加蒸馏水定容至刻度，摇匀后过滤。然后再取滤液10mL至100mL容量瓶中，加蒸馏水至刻度，摇匀即为酶稀释液。

### (二) 酶活性测定

(1) 取100mL容量瓶4个，编号，向各瓶准确加入稀释后的酶液10mL，立即向3、4号瓶中加入1.8mol/L $H_2SO_4$ 5mL以终止酶活性，作为空白测定。

(2) 将各瓶放在20℃水浴中保温5~10min（若室温超过20℃则以室温为准）。保温后向各瓶准确加入0.018% $H_2O_2$ 5mL，摇匀并记录酶促反应开始时间。

(3) 将各瓶放在20℃水浴中让酶与底物（$H_2O_2$）作用5min。时间到后迅速取出，立即在1、2号瓶中加入1.8mol/L $H_2SO_4$ 5mL以终止酶活性。

(4) 向4个瓶中各加入20% KI 1mL和3滴10% $(NH_4)_6Mo_7O_4$，摇匀，用0.02mol/L $Na_2S_2O_3$滴定至淡黄色后再加入5滴1%淀粉液作指示剂，再用0.02mol/L $Na_2S_2O_3$滴定至蓝色刚消失为滴定终点，记录$Na_2S_2O_3$用量。

## 六、结果计算

空白与样品两个重复滴定值取平均值，按下公式计算出过氧化氢酶活性：

$$\text{被分解 } H_2O_2(\text{mg}) = [\text{空白滴定值(mL)} - \text{样品滴定值(mL)}] \times C \times 17.17$$

$$\text{过氧化氢酶活性}[\text{mg}H_2O_2/(\text{g}\cdot\text{min})] = \frac{\text{被分解 } H_2O_2(\text{mg}) \times \text{酶液稀释倍数}}{\text{样品鲜重(g)} \times \text{酶促反应时间(min)}}$$

式中，$C$为$Na_2S_2O_3$浓度，mg/mL；17.17为$\frac{1}{2}H_2O_2$摩尔质量。

# 实验 48　环境条件对淀粉酶活性的影响

## 一、实验意义和目的

植物组织中存在有淀粉酶（分 α-淀粉酶、β-淀粉酶两种），能将贮藏的淀粉水解成麦芽糖，从而影响种子的萌发或植物的生长。本实验的目的在于测定淀粉酶活性并观察环境条件（如温度、pH 值）及某些化学物质对淀粉酶活性的影响。

## 二、实验方法原理

淀粉酶的活性和其他酶一样，受环境条件的影响，尤其是对温度及 pH 值的变化非常敏感，表现有最适温度和最适 pH 值的现象。在最适温度及最适 pH 值的环境中，酶的活性最强，酶促反应速度最高；低于或高于最适温度和最适 pH 值，酶活性变弱，酶促反应速度降低。除温度及 pH 值外，某些化学物质可抑制或促进酶的活性。可抑制酶活性的化学物质，称为酶的抑制剂，可促进酶活性的化学物质，称为酶的活化剂。受环境条件影响后，淀粉酶活性的强弱可用碘试法来检查。

## 三、材料、仪器设备及试剂

### （一）材料

小麦种子，水稻种子。

### （二）仪器设备

恒温水浴，恒温培养箱，试管，150mL 三角瓶，研钵，烧杯，移液管，胶头滴管，试管架，温度计。

### （三）试剂

系列磷酸盐-柠檬酸缓冲液，pH5.0 醋酸缓冲液。

I-KI 溶液：称取 2gKI 溶于蒸馏水中，然后加入 1g $I_2$，待全部溶解后，用蒸馏水定容至 300ml，储存于棕色瓶备用。

0.5%淀粉溶液，1%$CuSO_4$ 溶液，1%KI 溶液，0.1%$HgCl_2$ 溶液，1%NaCl 溶液，0.1%$AgNO_3$ 溶液。

## 四、实验步骤

### （一）淀粉酶的提取

取已发芽的水稻或小麦种子（幼芽长 3~4cm）20 粒，放在研钵中研磨，匀浆用 100mL 水分多次冲洗，集中于 150mL 三角瓶并充分搅拌，静置 1h 后，过滤入另一三角瓶，滤液中即含有淀粉酶，若要短期保存时，可加甲苯数滴防腐，并放入冰箱中。

（二）温度对活性的影响淀粉酶

取试管 5 支，分别作 15℃、30℃、45℃、60℃、75℃温度标记，并注明"酶液管"，各加入酶提取液 5mL。另取 5 支试管，也分别作 15℃、30℃、45℃、60℃、75℃温度标记，并注明"淀粉液管"，各加入 0.5%淀粉液 5mL。然后各管分别置于相对应温度的水浴中，约 5min 后，待管内外温度一致，将酶液倒入相同温度的淀粉液管中，摇匀并记下时间，10min 后取出（不同处理之间，时间要一致），放入冰水中冷却 1min 后，往每管加入 I-KI 溶液 5 滴，摇匀。观察颜色有何不同，比较不同温度对淀粉酶活性的影响，判断最适宜的酶促作用温度。

（三）pH 值对淀粉酶活性的影响：

取 4 支中型试管，分别加入下列系列 pH 值的磷酸盐-柠檬酸盐缓冲液 3mL，并作标记：pH 值 3.6、4.8、6.0、7.2。每管加入淀粉液 3mL 和淀粉酶提取液 2mL，充分摇匀，记下时间，放置在 30℃左右温度下 20min 后，向每管加入 I-KI 溶液 5 滴，摇匀，根据生成的颜色，比较淀粉酶的活性。

（四）化学物质对淀粉酶活性的影响

取 6 支试管，编上 1~6 号，每管加入淀粉酶提取液 1mL 及 pH5.0 醋酸盐缓冲液 1mL，然后往 1 号管加蒸馏水 1mL（对照）。2 号管加 1%NaCl 1mL，3 号管加 1%碘化钾 1mL，4 号管中加 1%$CuSO_4$ 1mL，5 号管加 0.1%$AgNO_3$ 1mL，6 号管加入 0.1%$HgCl_2$（注意，有毒！）1mL，各管再加 0.5%淀粉液 2mL，摇匀后置于 40℃恒温水浴中，并记录开始时间，保温 8~10min，取出试管，冷却后向各管加入 I-KI 溶液 5 滴，摇匀，观察各管颜色的差异。

## 五、结果分析

（1）用文字说明经不同温度，pH 值及各种化学物质处理后各试管所显示的颜色。

（2）用文字简要分析环境条件对淀粉酶活性的影响。

# 实验 49　污染胁迫对湿地植物体内硝酸还原酶活性的影响

## 一、实验目的

硝酸还原酶（NR）是硝酸盐同化过程中的关键酶，在植物生长发育中具有重要作用，测定硝酸还原酶活力，可作为作物育种和营养诊断的生理生化指标。NR 的测定分为活体法和离体法。活体法步骤简单，适合快速、多组测定。离体法复杂，但重复性较好。因而，本实验以含铬（Ⅵ）废水污染胁迫后的菖蒲叶片为实验对象，判定污染胁迫对湿地植物体内硝酸还原酶活性的影响大小。

## 二、实验方法原理

硝酸还原酶（NR）催化植物体内的硝酸盐还原为亚硝酸盐，产生的亚硝酸盐与对-氨基苯磺酸（或对-氨基苯磺胺）及α-萘胺（或萘基乙烯二胺）在酸性条件下定量生成红色偶氮化合物。其反应如下：

$$NO_3^- + NADH + H^+ \xrightarrow{NR} NO_2^- + NAD^+ + H_2O$$

生成的红色偶氮化合物在 520nm 有最大吸收峰，可用分光光度法测定。硝酸还原酶活性可由产生的亚硝态氮的量表示，一般以 μg/(g·h) 为单位。

## 三、材料、仪器设备及试剂

（一）材料

含铬（Ⅵ）废水污染胁迫后的菖蒲叶片。

（二）仪器设备

冷冻离心机，分光光度计，电子分析天平，冰箱，恒温水浴，研钵，剪刀，离心管，具塞试管，移液管，洗耳球。

（三）试剂及配制：

1μg/mL 亚硝态氮标准母液配制：准确称取分析纯 $NaNO_2$ 0.9857g，溶于蒸馏水后定容至 1000mL，然后再吸取 5mL 定容至 1000mL，即为含亚硝态氮 1μg/mL 的标准液。

0.1mol/L pH7.5 的磷酸缓冲液配制：称取 $Na_2HPO_4 \cdot 12H_2O$ 30.0905g 与 $NaH_2PO_4 \cdot 2H_2O$ 2.4965g，加蒸馏水溶解后定容至 1000mL。

1%对-氨基苯磺胺（g/mL）溶液配制：称取 1.0g 磺胺溶于 100mL 3mol/L HCl 中（25mL 浓盐酸加蒸馏水定容至 100mL 即为 3mol/L HCl）。

0.02%(g/mL) 萘基乙烯胺溶液配制：称取 0.0200g 萘基乙烯胺溶于 100mL 蒸馏水中，储存于棕色瓶中。

0.1mol/L $KNO_3$ 溶液配制：称取 2.5275g $KNO_3$ 溶于 250mL 0.1mol/L pH7.5 的磷酸缓冲液。

0.025mol/L pH8.7 的磷酸缓冲液配制：称取 8.8640g $Na_2HPO_4 \cdot 12H_2O$，0.0570g $K_2HPO_4 \cdot 3H_2O$ 溶于 1000mL 无离子水中。

提取缓冲液配制：称取 0.1211g 半胱氨酸、0.0372gEDTA 溶于 100mL 0.025mol/L pH8.7 的磷酸缓冲液中。

2mg/mL NADH（辅酶Ⅰ）溶液配制：4mg NADH 溶于 2mL 0.1mol/L pH7.5 的磷酸缓冲液中（临用前配制）。

## 四、实验步骤

（一）亚硝态氮标准曲线制作

（1）取 7 支 15mL 刻度试管，编号，按表 49-1 配制含量为 0~2.0μg 的亚硝态氮标准液。

**表 49-1　亚硝态氮标准曲线配制的参考表**

| 项目 | | 管号 | | | | | | |
|---|---|---|---|---|---|---|---|---|
| | | 0 | 1 | 2 | 3 | 4 | 5 | 6 |
| 试剂 | 1μg/mL 亚硝态氮母液/mL | 0 | 0.2 | 0.4 | 0.8 | 1.2 | 1.6 | 2.0 |
| | 蒸馏水/mL | 2.0 | 1.8 | 1.6 | 1.2 | 0.8 | 0.4 | 0.0 |
| | 1%磺胺/mL | 1 | 1 | 1 | 1 | 1 | 1 | 1 |
| | 0.02%萘基乙烯胺/mL | 1 | 1 | 1 | 1 | 1 | 1 | 1 |
| 每管亚硝态氮含量/μg | | 0 | 0.2 | 0.4 | 0.8 | 1.2 | 1.6 | 2.0 |

加入表 49-1 中试剂后，摇匀，在 25℃下保温 30min，然后以 0 号管为空白对照，在 520nm 波长处测定吸光度（$A$）。

（2）标准曲线绘制：以 1~6 号管亚硝态氮含量（μg）为横坐标，吸光度为纵坐标绘制标准曲线。

（二）样品中硝酸还原酶活力测定

（1）酶的提取：称取 0.5g 鲜样，剪碎于研钵中置于低温冰箱冰冻 30min，取出置冰浴中加少量石英砂及 4mL 提取缓冲液，研磨匀浆，转移于离心管中，在 4℃、4000r/min 下离心 15min，上清液即为酶提取液。

（2）酶促反应：取酶液 0.4mL 于 10mL 试管中，加入 1.2mL 0.1mol/L $KNO_3$ 磷酸缓冲液和 0.4mL NADH 溶液，混匀，在 25℃水浴中保温 30min，对照不加 NADH 溶液，而以 0.4mL 0.1mol/L pH7.5 的磷酸缓冲液代替。

（3）酶活性测定：保温结束后立即加入 1mL 1%磺胺溶液终止酶反应，再加 1mL 0.02%萘基乙烯胺溶液，显色 15min 后于 4000r/min 下离心 15min，以空白管为对照，取上清液在 520nm 波长处测定吸光度。

## 五、酶活性计算

根据样品所测得的吸光度（$A$），从标准曲线查出反应液中亚硝态氮含量，按下公式计算样品中酶活性：

$$\text{样品中酶活性}[\mu gN/(g\cdot h)]=\frac{\dfrac{X(\mu g)}{V_2(mL)}\times V_1(mL)}{\text{样品鲜重}(g)\times\text{酶反应时间}(h)}$$

式中　$X$——从标准曲线查出反应液中亚硝态氮总量，μg；

$V_1$——提取酶时加入的缓冲液体积，mL；

$V_2$——酶反应时加入的酶液体积，mL。

# 第六部分

# 环境生态工程创新实验

HUANJING SHENGTAI GONGCHENG CHUANGXIN SHIYAN

# 实验 50 植物结构对环境的适应及可塑性

## 一、实验目的

物质分配及形态构成方式是植物在自然界中能否竞争取胜的关键特征。对不同植物生长性状的比较研究是分析其野外生存能力的方法。

## 二、主要仪器设备

电子天平（0.01~0.001g），扫描仪，叶面积分析系统，根系分析系统，直尺、卷尺、卡尺。

## 三、操作步骤

对采取的植物样品首先测量基茎粗、株高、冠幅、分枝数、分枝长等性状，然后分叶、茎和根等分别测量。对植物的叶片，测其每一叶片的带柄叶长、叶长、叶宽、叶面积和叶鲜重；对根测其根长、根粗、根鲜重和根体积，茎称鲜重。测完所有这些参数后，将叶和根分别装入纸袋，放入烘箱在 80℃ 下烘干至恒重（72h），而后分别测生物量。

对带柄叶长、叶长、叶宽及根长用精确度为 1mm 的卷尺测量，对根粗则用精确度为 0.1mm 的游标卡尺测定，叶面积用光电式叶面积仪或扫描仪测定，叶鲜重、叶干重、根鲜重及根干重用精确度为 0.001g 的电子天平称量，根体积用排水法在精确度为 0.01g 的电子天平上测定。

## 四、结果计算

按文献（Hunt，1978）方法计算植物的以下生长参数：

（1）比叶面积（SLA，Specific Leaf Area）= 叶面积/叶生物量；

（2）叶面积比（LAR，Leaf Area Ratio）= 总叶面积/总生物量；

（3）叶生物量比（LMR，Leaf Mass Ratio）= 叶生物量/总生物量；

（4）比根长（SRL，Specific Root Length）= 根长/根生物量；

（5）根长度比（RLR，Root Length Ratio）= 根长/总生物量；

（6）根生物量比（RMR，Root Mass Ratio）= 根生物量/总生物量；

（7）根冠比（Root/Shoot）= 根生物量/地上部生物量；

（8）生殖比（RA，Reproductive Allocation）= 花序生物量/总生物量。

可塑性程度比较：

（1）可塑性指数（PI）=（参数最大值-最小值）/最大值；

（2）显著性检验：物种间及处理间的差异显著性用 Excel 或 SPSS8.0 分析，对实测参数用协方差分析（GLM），对计算参数用单因素方差（ANOVA）软件包分析。

## 五、结果分析

（1）比较不同环境胁迫经历下植物结构形状的特点对环境因子的响应趋势。

（2）比较各种性状的可塑性指数。

（3）你还发现了什么规律？

# 实验 51　城市树木年龄与生产力的关系

## 一、实验意义和目的

树木的径向生长是构成木材（即次生木质部）主要的生长过程，由于不同的环境其生长过程不同，每年的生长量也有变化。本实验通过仪器和软件测量年轮的宽度，进行交叉定年，来研究城市环境下树木的年均径增量和年龄。同时，树木年轮分析也是研究气候变化的重要手段之一，通过与历史气候数据的比照，来研究树木生长对气候的响应。

## 二、主要仪器设备

相机，年龄钻，扫描仪、生物显微镜，尺，钉，记录本，棉签，信封，水，标签纸。

## 三、实验材料

大学校园内的胸径在 10cm 以上的乔木，按照不同绿化类型分组。

## 四、操作步骤

（1）选定测量的树木，记下树种。

（2）观察树木生长情况，测量胸径、基径、株高。

（3）生长情况：有无损伤，病虫害，树冠盖度等。

（4）比例尺法测量胸径（离地 1.3m 处树干的直径）、基径（与地面相邻处的树干的直径）。

（5）拍照：在 1.3m 的高度贴上标签后，保持相机镜头与平面垂直，并尽量使目标占满镜头视野，在相互垂直的两个方向各照一张，记录镜头与目标的水平距离。

（6）用年龄钻取年龄芯（注意先受训练）：

1）应从向阳、背阳两个方向取样，并上下距离尽量靠近。

2）将仪器组装好，用胸口顶住助推器，进行旋转。

3）先轻力旋转手柄，将表皮打穿后，取下钻头，将钻头擦净（最好用棉签），防止树皮的颜色影响年轮识别。再从露在最外面的韧皮部开始钻起，用力顶住助推器，即可钻入。

4）取样长度过树心 3cm（对后面树心的确定非常重要）后，将取样器插入，插到底，并将钻头转出，稍待钻头冷却后，借助助推器拔出样品。记录样品的极性，装入封口袋，贴标签写明采样地点、日期及树木生长情况，低温、干燥保存。

5）在离地 15cm 的地方，由南向北钉入标记钉，以便下次测量。

（7）处理年龄芯：

1）用粗细两种砂纸（细的水砂纸应浸润后打磨），打磨相邻两面。

2）在一定湿度下（年轮最清晰时）将年龄芯与标签纸一起扫描，扫描完毕，立即装入纸袋，干燥皿保存。

3）测量树轮宽度，应注意要量取的是年轮线间的垂直距离。

## 五、结果分析

（1）比较同一株树东西向和南北向两根年龄芯的不同。

（2）结合气候变化的历史资料，解释年轮宽度随时间的变化。

# 实验 52 种群增长观测及 Logistic 增长模型

## 一、实验目的

了解小球藻的培养过程和观察方法；了解 Logistic 模型，掌握 Logistic 增长曲线绘制的一般方法。运用模型进行种群增长的分析。

## 二、实验方法原理

自然种群的增长总会受到食物、空间和其他资源或生物的制约，是有限的增长。在有限的环境条件下，开始时因种群基数小增长缓慢，随后逐渐加快，然后，又由于环境阻力逐渐增加，增长速度又逐渐变缓。当种群数量达到其环境资源所能维持的最大数量即环境容纳量或平衡水平时，种群停止增长并维持下去。因此，种群的个体出生率和死亡率都随着种群密度的变化而变化。由于环境对种群增长的限制作用是逐渐增加的，所以增长曲线呈 S 形，其数学模型可用 Logistic 方程来描述：

$$\frac{dN}{dt} = rN \times \frac{k - N}{k}$$

式中，$\frac{dN}{dt}$为种群的瞬时增长量；$r$ 为种群的内禀增长率；$N$ 为种群大小；$k$ 为环境容纳量；$\frac{k-N}{k}$为环境阻力。当 $N>k$ 时，$\frac{k-N}{k}<0$，种群数量下降；当 $N<k$ 时，$\frac{k-N}{k}>0$，种群数量上升；当 $N=k$ 时，$\frac{k-N}{k}=0$，种群数量保持不变。Logistic 方程的解析解为：$N_t = \frac{k}{1+\left(\frac{k}{N_0}-1\right)e^{-rt}}$，$N_0$ 是种群起始数量。利用此式可以求出在 Logistic 增长过程中任一时刻的种群数量。

自然界中酵母、果蝇、草履虫、藻类等种群的增长过程比较符合 Logistic 增长曲线（图 52-1），其他高等生物的增长，包括人类，也可以应用 Logistic 模型研究。当然，Logistic 模型表示的是一种理想化的状态，受到一些假设条件的限制，在实际运用时还需要加以改进。

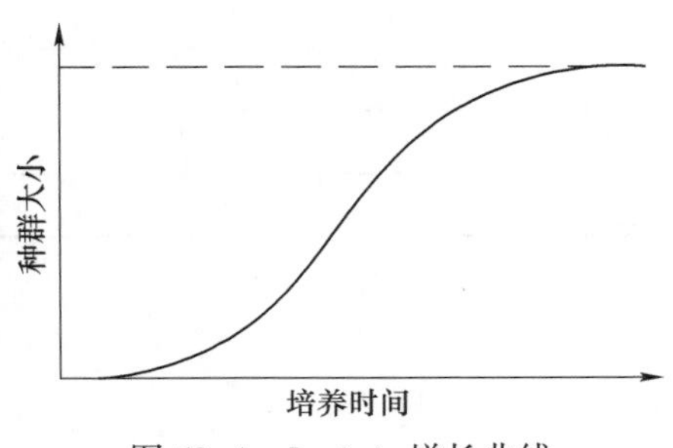


图 52-1 Logistic 增长曲线

本实验选用培养技术环节较为简单的小球藻作为实验材料，通过测定其光密度来观察小球藻种群的增长动态。在一定的中密度范围内，单位空间的植物种群叶绿素含量与种群大小之间呈正向线性关系，而叶绿素含量与其吸光度之间也存在正向的数量关系，因而小球藻光密度的变化能够反映其种群数量的变化。

## 三、实验设备与材料

光照培养箱，三角瓶，分光光度计；小球藻，小球藻培养液。

## 四、实验准备

（1）小球藻培养液的配制。按表 52-1 配制小球藻培养液。

**表 52-1　小球藻培养液的配制表**

| 营养成分 | $(NH_4)_2SO_4$ | $K_2HPO_4 \cdot 3H_2O$ | $MgSO_4 \cdot 7H_2O$ | $Ca(NO_3)_2$ | $NaHCO_3$ | 柠檬酸 | 柠檬酸铁 | 土壤液(1∶1) |
|---|---|---|---|---|---|---|---|---|
| 含量/$g \cdot L^{-1}$ | 0.20 | 0.10 | 0.08 | 0.02 | 0.30 | 0.005 | 0.005 | 5.0mL |

（2）藻种的活化。取 10mL 藻种转至三角瓶中，并加入 100mL 培养液，在 25℃、12h 光照条件下，培养一周；然后再按同样方法连续转接培养 3~4 次，即可用来测定 Logistic 增长动态。

## 五、操作步骤

（1）取 10mL 藻种培养液转移至 250mL 三角瓶中，加入 100mL 培养液，振荡均匀，测定 $OD_{650}$ 值（以培养液作为空白对照），重复 3 次，取其平均值作为起始浓度。

（2）三角瓶置于光温培养箱中，在 25℃、12h 光照条件下连续培养一周，每天定时观测一次（测定前振荡均匀），记录 $OD_{650}$ 值（表 52-2）。

（3）根据测定的 $OD_{650}$ 值绘制小球藻种群的增长曲线。

**表 52-2　小球藻培养液观测记录表**

| 测定时间/d | $OD_{650}$ 值 | | |
|---|---|---|---|
| 1 | | | |
| 2 | | | |
| 3 | | | |
| ⋮ | | | |

# 实验 53　气孔对微生物的感应性关闭调控分析

## 一、实验意义和目的

气孔控制着地球生物圈的 $CO_2$ 和水分交换，从而控制着生态系统最重要的初级生产和全球气候变化过程。气孔免疫-气孔对微生物的感应性关闭是生命科学前沿研究领域之一，其对植物抗病免疫，新型生物节水技术具有重要的科学意义和应用前景。有关研究对理解生物与环境、生物与生物之间的相互作用的分子和生理生态机制具有重要科学意义，同时对提高农林植物水分利用效率具有重要生产实践意义。

本实验的目的：（1）了解并基本掌握从蚕豆叶片撕取表皮条，用于研究气孔及其保卫细胞的技术；（2）掌握气孔免疫的基本研究观测方法，对气孔免疫调控的剂量反应和时间动态规律有初步的了解。

## 二、实验方法原理

气孔被认为是多种叶际微生物（如细菌、真菌、放线菌和酵母等）进入植物体内的主要通道。气孔感应微生物关闭及致病微生物骗开气孔的过程如图 53-1 所示。

## 三、主要仪器设备

（1）显微镜 400 倍；（2）最好具有摄影和计算机控制观察设备；（3）显微镜测微尺：2~10μm 方格刻度；（4）载玻片；（5）分析天平；（6）尖头镊子；（7）试剂瓶（20mL 滴瓶、滴管）每组 2 套；（8）吸水纸；（9）微生物悬浮溶液（丁香假单胞杆菌溶液、酵母菌溶液、小球藻溶液）。

## 四、材料和试剂

材料：正常生长的蚕豆（*Vicia faba*L.）植株，取新鲜完全展开叶片。

试剂：MES 缓冲液：10mmol/L MES，50mM KCl(pH6.15)。

## 五、操作步骤

（1）取 4 个直径 5cm 的培养皿，分别加入 10mL 试剂 MES 缓冲液、丁香假单胞杆菌溶液、酵母菌溶液和小球藻溶液标记备用。

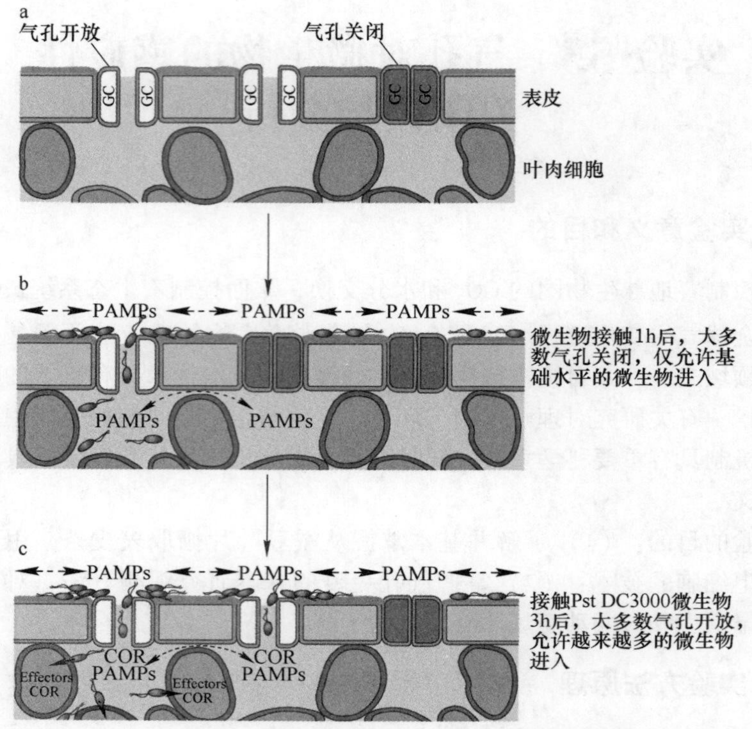


图 53-1 气孔感应微生物关闭及致病微生物骗开气孔的过程

（2）首先取蚕豆新鲜完全展开叶片，使用尖头镊子在叶片下表面轻轻撕取表皮条。撕取表皮条是需要反复练习的技术，以得到透明的仅带气孔复合体的角质层薄膜为佳。

（3）将达到要求的表皮条 12~24 条浸入盛有 MES 缓冲液的培养皿中，光照 1h。

（4）分别取 3~6 条经过以上处理的表皮条放入盛有丁香假单胞杆菌溶液、酵母菌溶液和小球藻溶液的培养皿中，MES 缓冲液中剩余的表皮条作为对照，仍放在光下处理，每隔半小时后取不同处理的表皮条观察气孔的开张情况［分别测量气孔长度（$L$）和张开宽度（$W$）］，记录气孔开度，熟悉观察气孔的技术，掌握利用 $W/L$ 的比值定量气孔开度的方法。

## 六、结果分析

（1）以不同处理为横坐标，气孔开度为纵坐标，绘制不同微生物对气孔开度的影响。

（2）以时间为横坐标，气孔开度为纵坐标，绘制不同微生物对气孔开度影响的动态变化。

# 实验 54　代谢生态-群体密度调控指数确定

## 一、实验意义和目的

代谢生态理论（Brown，2004）中群体密度调控指数的数值与是否恒定是生态学的前沿热点问题之一。该自疏指数从早年（Yoda，1963）提出的-3/2 到基于分支理论的-4/3，然而，大量学者的研究结果对此提出了质疑和挑战。因此，学习测定和计算密度调控指数具有重要科学意义，同时，也有广泛的农（作物密度调控）、林（森林抚育）、牧（草场和畜群管理）、渔（鱼群密度控制）业应用前景。本实验的目的是学会如何测定和计算密度调控指数。

## 二、实验方法原理

根据代谢生态理论，生物群体的平均个体生物量（$\overline{w}$）与密度（$d$）的 $\alpha$ 次方成比例：

$$\overline{w} = kd^{\alpha} \tag{54-1}$$

上式中的 $\alpha$ 被称为密度调控指数。对（54-1）式取对数，得到：

$$\lg \overline{w} = \alpha \lg d + \lg k \tag{54-2}$$

因此，对达到或接近环境承载力的生物种群或群落，取样方测定群体的平均个体生物量$\overline{w}$和密度 $d$，以 $\lg \overline{w}$和 $\lg d$ 作图，其斜率就是密度调控指数 $\alpha$。

## 三、主要仪器设备

（1）样方取样绳（或皮尺）：10m×10m，5m×5m，2m×2m。
（2）钢卷尺：规格 2m。
（3）小皮尺：规格 2m。
（4）分析天平。
（5）台秤，最大称量 5kg。
（6）干燥箱。

## 四、实验材料

自然或达到基本稳定的植物群落。

## 五、操作步骤

（1）分别选取草本、乔木和木本样方。

（2）大乔木样方：样方面积10m×10m，测定样方内高度超过1.3m的植物的数量和每个植株的胸径（DBH，根据距地面1.3m高处的树干周长换算）。对于DBH>10cm的树木，参照Brown et al.（1995）提出并被广泛使用的下列公式计算：

$$B = 0.0326(\mathrm{DBH})^2 H \tag{54-3}$$

对于（2.5cm<DBH<10cm）的幼树，则使用honzák et al.（1996）的公式计算：

$$B = \exp[-3.068 + 0.957\ln(D^2 H)] \tag{54-4}$$

对于DBH<2.5cm的小苗，则直接取样标定平均个体生物量。

（3）小苗圃样方：样方面积5m×5m或2m×2m，测量密度和每株植物的距地面0.3米高处树干的周长；

（4）草本样方：选择多年的撂荒地，取2m×2m或1m×1m样方，从地面收割取样，计量个体数目（$N$），烘干后称总生物量（$W$），按$\overline{w}=\dfrac{W}{N}$计算平均个体生物量，$N$/面积计算密度。

## 六、结果分析

将各样方的密度（$d$）和平均个体生物量（$\overline{w}$）数据输入Exel表，分别取常用对数后，以$\lg d$为横坐标，$\lg \overline{w}$为纵坐标作图，并且取直线回归线的斜率，得到密度调控指数$\alpha$。

对比本组得到的密度调控指数$\alpha$与其他同学数值和文献数值的差异，分析可能的原因，总结试验测定的经验和教训。

# 实验 55　生物多样性对土壤呼吸的影响

## 一、实验原理和目的

温室气体包括 $CO_2$、$CH_4$、$N_2O$ 等，其中土壤呼吸是最重要的 $CO_2$ 释放过程。土壤呼吸包括 $CO_2$ 在土壤中的产生及向大气传输两个过程。其中土壤 $CO_2$ 的产生主要分为土壤微生物、土壤动物分解有机物的异养呼吸和植物根系的自养呼吸两个部分。一般我们把地面枯落物分解所释放的 $CO_2$ 也算作土壤呼吸。已有研究表明，土壤呼吸受土壤的温度和湿度、植被特征、根系密度和生物量、土壤有机物的质量和数量、地面枯落物的量、微生物数量、小环境气候等多种因素调控。由于不同植物的组成会影响生产力和微环境，因此本实验通过设置不同植物物种多样性的区块，测定土壤呼吸的差异并分析原因。

## 二、主要仪器设备

红外线分析仪，呼吸室，温度计，土壤环刀，铝盒。

## 三、操作步骤

（1）每组选择一个处理，每一处理设 2 个重复，在前 2d 剪去地上部分。

（2）在土壤呼吸气室旁定 4 个点，每个点放置 1 个温度计：土壤 5cm 深处。

（3）红外线气体分析仪：

1）在样点上装好气室，向土中切入 5mm，保证气室不与外界大气相通。

2）打开红外线气体分析仪电源，预热 3~5min，调整好气路系统。

3）记录气室内 $CO_2$ 浓度变化，每 15s 记录一次；在笔记本上绘制土壤呼吸和测量时间的关系曲线草图，进行判断。

（4）在测定土壤呼吸的同时，记录气室旁 4 个点用温度计的读数。

（5）土壤含水率：用环刀和铝盒取土，回实验室，用烧灼法测定。

## 四、结果计算

计算公式为：

$$R = \frac{\Delta C}{t} \times \frac{1}{22.4} \times \frac{273}{273 + T} \times \frac{1}{L} \times \frac{1}{6} V$$

式中，$R$ 为呼吸速率，μmol/($m^2$ · s)；$\Delta C$ 为 $CO_2$ 浓度差（μL/L）；$t$ 为时间，min；$T$ 为气室内气温，℃；$L$ 为地面积（本实验为 86.5$cm^2$）；$V$ 为气室体积（本

实验为 991cm$^3$）。

## 五、结果分析

（1）不同绿化形式的土壤呼吸有何差异，为什么？

（2）对于同一样点不同次测量值和土壤温度有何关系？

# 实验 56　植物群落物种多样性测定与计算

## 一、实验目的

掌握物种多样性测定的取样方法；掌握物种多样性的计算方法；通过对不同地区生物种类及其个体数量的分析，比较这些地区物种多样性的差异，并能够解释原因。

## 二、实验方法原理

物种多样性是衡量一个群落中物种的数目及其相对多度的指标，代表群落的组织水平和功能特性，通常用多样性指数表示。常用的多样性指数有：Simpson 指数、Shannon-Wiener 指数、种间相遇机率（PIE）等。

（1）Simpson 指数：

$$D = 1 - \sum_{i=1}^{s} (P_i)^2$$

（2）Shannon-Wiener 指数：

$$H = - \sum_{i=1}^{s} (P_i)(\ln P_i)$$

（3）种间相遇机率（PIE），或称群落组织水平相互关系指数：

$$\mathrm{PIE} = \sum_{i=1}^{s} \left(\frac{n_i}{N}\right)\left(\frac{N - n_i}{N - 1}\right)$$

式中，$N$ 为所有种的个体总数；$n_i$ 为第 $i$ 个种的个体数；$P_i = n_i/N$；$s$ 为种的数目。

## 三、主要仪器设备

卷尺或直尺，植物标本采集箱，计算器。

## 四、操作步骤

（1）选择样方。在同一块林地、草地、山的阳坡与阴坡、不同生物群落交错地带或者其他生境选取一些大小相同的样方，样方大小根据样地生物组成特性确定。

（2）统计生物种类及其个体数。记录各样方内的物种名称和每一物种的个体数量，对不认识的生物，可采样带回实验室检索。

（3）计算比较物种的多样性指数。

## 五、结果记录

将实验结果记入表56-1。

表 56-1　物种多样性观测及指数比较

| 样地描述（地点、环境群落特征等） | 样方面积/$m^2$ | 种数 | 个体总数 | Simpson 指数 | Shannon-Wiener 指数 | 种间相遇机率 |
|---|---|---|---|---|---|---|
| | | | | | | |
| | | | | | | |
| | | | | | | |
| | | | | | | |

## 六、讨论

（1）按例表进行数据的整理分析，分别计算 Simpson's 优势度指数和 Shannon-Wiener 指数。

（2）试述多样性指数在群落分析中的作用及其在生态学中的意义。

# 实验 57 鱼类对温度、盐度耐受性的观测

## 一、实验意义和目的

通过对变温动物（鱼）呼吸速率随温度变化规律的观察，验证范霍夫定律（Holf's Law）动物的代谢（生化反应）速率（包括呼吸反应），随温度上升而加快。

## 二、实验方法原理

这种温度与反应速度的关系，可以用温度系数来表示，或成为范霍夫定律，它可以用下式表示：

$$Q_{10} = (k_2/k_1)^{\frac{10}{t_2-t_1}}$$

$$Q_{10} = (v_2/v_1)^{\frac{10}{t_2-t_1}}$$

式中，$Q_{10}$为温度系数，表示温度每提高 10℃，反应速度增加的倍数，通常是 2~3 倍，或表示温度每提高 1℃，反应速度增加 9.6%；$k_1$，$k_2$ 为相对温度 $t_1$，$t_2$ 的速度常数，它与反应速度 $v_2$，$v_1$ 成正比，所以也可以用反应速度代替速度常数。鱼类的呼吸速率与水温的关系，通常与定律相当吻合，所以应用鱼类进行呼吸速率的实验是比较理想的。

## 三、主要仪器设备

活金鱼若干条，水族箱（或以玻璃缸代替），气泵。

## 四、操作步骤

（1）提前 1d 在水族箱（或以玻璃缸代替）内放入自来水（即曝气 1d）；

（2）向恒温水浴中加入自来水至水浴锅的 2/3，挑选健康的实验鱼一条，放入 1000mL 烧杯中，加入曝气水 600~700mL，将烧杯放入恒温水浴中，使烧杯中水的液面与水浴锅的水面平行。将温度计插入烧杯中，读出初始温度。经过 15min，让鱼在水中有个短时间的适应，然后观察鱼的鳃盖活动（呼吸运动），记录下鱼的呼吸次数。重复计数 10 次（注意计数时应尽量避免或远离外界对鱼的干扰，包括说话和按动计数器的声音等）。并且用溶氧仪测定水中初始的 DO 值，记录。

（3）水浴锅开始逐渐升温，1h 升高 10℃，即平均每 6min 左右升高 1℃（以烧杯内的温度计的温度示数为准）。温度每升高 1℃，用溶氧仪测定水中的 DO

一次，记录。当温度升高了10℃之后，保持升温后的水温不变，开始观察鱼的鳃盖活动，并记录下鱼的呼吸次数。重复累计10次。观察结果记录数据至表57–1。

## 五、结果记录

表57–1　实验鱼呼吸速率原始记录

| 温度/℃ | 呼吸频率/次·$min^{-1}$ | | | | | | | | | |
|---|---|---|---|---|---|---|---|---|---|---|
| | 1 | 2 | 3 | 4 | 5 | 6 | 7 | 8 | 9 | 10 |
| | | | | | | | | | | |
| | | | | | | | | | | |
| | | | | | | | | | | |
| | | | | | | | | | | |
| | | | | | | | | | | |
| | | | | | | | | | | |

## 六、讨论

（1）实验证明，温度升高10℃后呼吸速率增加了多少倍？是否符合范霍夫定律？

（2）为什么范霍夫定律只有在一定的温度范围内才适用？

（3）温度系数只适用于变温动物，为什么？

（4）耗氧速率与水温有什么关系？这种关系与范霍夫定律是否吻合？

# 实验58 种子发芽毒性实验

## 一、实验意义和目的

通过测定种子发芽情况，如小麦、黑麦等种子的发芽势和发芽率，就可以预测和评价环境污染物对植物的潜在毒性和生物有效性。

## 二、实验方法原理

植物种子在适宜的条件（水分、温度和氧气等）下，吸水膨胀萌发，在各种酶的催化作用下，发生一系列的生理、生化现象。但是，当有污染存在时，污染物会抑制一些酶的活性，从而使种子萌发受到影响，破坏发芽过程。

## 三、材料、仪器及试剂

小麦种子或其他种子（如黄豆），洗衣粉，洗涤剂，培养皿（直径9cm），光照培养箱。

## 四、操作步骤

（1）培养皿用洗液或洗衣粉刷洗干净，除去表面污物，然后用自来水冲洗干净，晾干备用，在皿盖侧面贴上标签，注明浓度、序号及使用人。

（2）配制污染物（洗衣粉、洗涤剂）梯度浓度溶液（低、中、高）。每种浓度试液设2个平行实验，以无离子水为对照组。

（3）在培养皿（直径9cm）内放入等径滤纸两张做发芽床。发芽床的湿润程度对发芽有着很大影响，水分过多妨碍空气进入种子，水分不足会使发芽床变干，这两种情况都能影响发芽过程，使实验结果不准。在发芽床上加10mL试液。

（4）发芽势与发芽率的测定。不同植物种子有所不同，通常每日观察，分两组进行测定统计。

（5）种子发芽后应具有的特征：幼根的主根长度不短于种子长度，幼芽短于种子长度的1/2。

（6）分别于第3d和第7d计算发芽势与发芽率。

## 五、结果计算

发芽势（%）= 规定天数内已发芽的种子粒数/供作发芽的种子总粒数×100

发芽率（%）= 全部发芽的种子粒数/供作发芽的种子总粒数×100

## 六、结果与讨论

（1）结果报告：种子名称、来源、每种浓度处理的种子数，培养条件、污染物的每种浓度处理组和对照组的发芽率和发芽势的平均值；

（2）本实验结果说明了什么？是否还需要进一步做实验证实？

（3）影响黄豆发芽的主要因素是什么？

# 第七部分

# 环境仪器分析创新实验

HUANJING YIQI FENXI CHUANGXIN SHIYAN

# 实验 59　高锰酸钾紫外可见吸收光谱定性扫描及数据处理

## 一、实验目的

(1) 学习紫外光谱分析方法的基本原理。

(2) 熟悉 UV-1601 紫外-可见分光光度计的定性/定量测量操作方法。

(3) 掌握紫外-可见光谱定性图谱的数据处理方法。

## 二、实验方法原理

紫外-可见光谱是用紫外-可见光测量获得的物质电子光谱，它研究由于物质价电子在电子能级间的跃迁，产生的紫外-可见光区的分子吸收光谱。当不同波长的单色光通过被分析的物质时，测得不同波长下的吸光度或透光率，以 ABS 为纵坐标，波长 $\lambda$ 为横坐标作图，可获得物质的吸收光谱曲线。一般紫外光区波长范围为 190~400nm，可见光区的波长范围为 400~800nm。

由于分子结构不同，但只要具有相同的生色团，它们的最大吸收波长就相同。因此，通过未知化合物的扫描光谱，确定最大吸收波长，并与已知化合物的标准光谱图在相同溶剂和测量条件下进行比较，就可实现对化合物的定性分析。

根据朗伯-比尔定律：

$$A = \lg \frac{I_0}{I} = abc$$

式中　$A$——吸光度；

$I_0$——透过光的强度；

$I$——入射光的强度；

$a$——物质对光的吸光系数（只和物质性质有关）；

$b$——吸收池的长度（通常 1cm 或 2cm 或 4cm）；

$c$——待测物的浓度。

如果固定吸收池的长度，已知物质的吸光度和其浓度成线性关系，这是紫外可见光谱法进行定量分析的依据。

采用外标法定量时，首先配制一系列已知准确浓度的高锰酸钾溶液，分别测量它们的吸光度，以高锰酸钾溶液的浓度为横坐标，以各浓度对应的吸光度为纵坐标，作图，即得到高锰酸钾在该实验条件下的工作曲线。取未知浓度高锰酸钾样品在同样的实验条件测量吸光度，就可以在工作曲线中找到它对应的浓度。

无机化合物电子光谱有电荷迁移跃迁和配位场跃迁两大类。无机盐 $KMnO_4$ 在可见光区具有固定的最大吸收波长位置，在水溶液中它的最大吸收波长 $\lambda_{max}$ 为 (525±0.5)nm；(544±0.5)nm，并且它具有特征的峰形，在避光的环境下保存的水溶液其峰位置和峰形可长期稳定不变，它是作为校正紫外-可见光波长的基准物质之一。因此，可以根据它们的紫外吸收光谱特征（见图 59-1），在紫外-可见光谱分析仪的定性测量模式中通过光谱扫描，测量获得其波长-吸光度谱图，对它进行准确可靠的定性鉴别，并采用外标定量法进而进行定量分析。

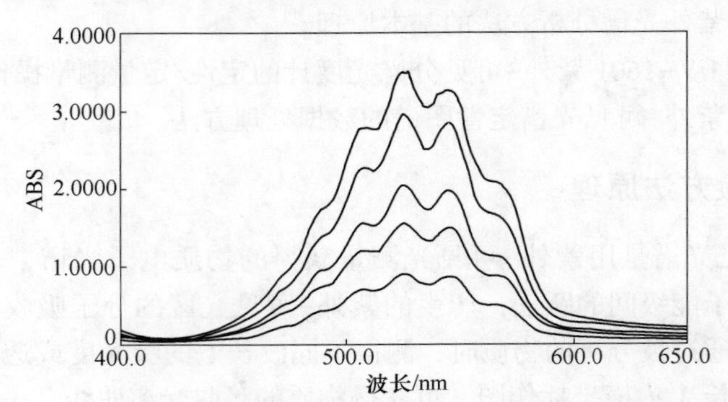


图 59-1　不同浓度的高锰酸钾（$KMnO_4$）紫外光谱定性扫描图

## 三、实验仪器和试剂

### （一）仪器

UV-1601 紫外-可见光谱仪（日本岛津），主要技术指标如下：

（1）测量波长范围：190~1100nm；

（2）光度范围：±3.99ABS；

（3）测量准确度：±0.5nm；

（4）光度系统：双光束，动态反馈直接比例记录系统；

（5）测量模式：定波长扫描、定性扫描、定量扫描、动力学；

（6）S/N 比：≤0.0005ABS（2nm 带宽，快速扫描 850~200nm）；

（7）二面通石英、玻璃比色皿各一对（10mm×10mm）。

### （二）试剂与口罩

（1）高锰酸钾（0.02mol/L）标准储备溶液（内含 0.5mol/L $H_2SO_4$ 和 2g/L $KIO_4$）；含有高锰酸钾的未知浓度的双组分混合物、二次蒸馏水等。

（2）25mL 具塞容量瓶、2mL 移液管、250mL 烧杯、镜头线、洗瓶等。

## 四、实验步骤

（1）打开紫外-可见光谱仪（岛津 UV-1601）主机进行仪器初始化，预热 5min。

（2）储备液和标准系列溶液的配制。准确称取 1.58g$KMnO_4$，用二次去离子水溶解，加入 14mL 浓硫酸和 1g $KIO_4$，定容于 500mL 容量瓶，得到 0.02mol/mL 的储备液，暗处保存。

分别准确移取 0.25mL，0.50mL，1.00mL，2.00mL 的 $KMnO_4$ 储备液，于 50mL 容量瓶中，用二次去离子水定容，得到浓度分别为 0.10mmol/L，0.20mmol/L，0.40mmol/L，0.80mmol/mL 的 $KMnO_4$ 溶液。

（3）在应用菜单中选择定性光谱测量法（Spectrum），在菜单“Configure”中选中“Parameters”，设置好需要的横坐标（波长值）扫描范围 600～400nm 和纵坐标（ABS 值）0～2.5ABS 测量参数值。在定性对话上正确安装所需要的扫描波长范围（横坐标测量波长段）以及光度方式（ABS）、扫描次数（Numbers）、扫描速度（Fast）、单位（M/L）、显示方式（Overlay）等相关值。

（4）在参比槽（里面一个）中放入盛有参比溶液的比色皿，盖好上盖，点击“Baseline”，待仪器自动调整基线。

（5）将装有被测溶液的比色皿放入样品槽（外面一个）中，盖好上盖，点击“Start”，待仪器自动测试完毕。完毕时会自动出现“Save”状态，点击“Save”。再在菜单“File”中选中“Save”将该光谱图存入所需位置及设置名称。在菜单“Presentation”中点击“Copy graph”可将光谱图复制至 word 文档。在菜单“Manipulate”中点击“Peak Pick”，自动给出 $\lambda_{max}$ 报告，依次扫描 5 份高锰酸钾标准溶液，得到如图 59-1 的光谱图。

（6）同样扫描含有高锰酸钾的未知浓度的双组分混合物，对测量获得的图谱与标准高锰酸钾谱图对照，分析结果。

（7）关机：将比色皿中的溶液倒尽，然后用蒸馏水或有机溶剂冲洗比色皿至干净，将比色皿保存在保存液中；将仪器外盖盖好；退出 UVPC 操作系统，关闭 UVPC 仪器。

## 五、结果处理

（1）打印标准高锰酸钾定性扫描曲线光谱图。

（2）确定高锰酸钾溶液的最大吸收波长值 $\lambda_{max}$。

（3）确定未知浓度高锰酸钾溶液在 $\lambda_{max}$ 的吸光度 ABS。

## 六、讨论

（1）综述紫外吸收光谱分析的基本原理。

（2）归纳获得最佳紫外光谱定性/定量/定波长测量分析结果准确性的各种操作影响因素，综述各类测量注意事项。

（3）紫外-可见光谱仪定性/定量/定波长测量模式的主要操作特点。

# 实验 60　苯酚紫外吸收光谱的绘制及定量测定

## 一、实验目的

（1）了解紫外可见分光光度法的基本原理。
（2）掌握紫外可见分光光度计的基本操作。
（3）掌握紫外可见吸收光谱的绘制和定量测定方法。

## 二、实验原理

分子的紫外可见吸收光谱是由于分子中的某些基团吸收了紫外可见辐射光后，发生了电子能级跃迁而产生的吸收光谱。它是带状光谱，反映了分子中某些基团的信息，可以用标准光谱图再结合其他手段对未知物进行定性分析。

根据 Lambert-Beer 定律：$A=\varepsilon bc$（$A$ 为吸光度，$\varepsilon$ 为摩尔吸光系数，$b$ 为液池厚度，$c$ 为溶液浓度）可以对溶液进行定量分析。

在紫外可见吸收分光光度分析中，必须注意溶液 pH 值的影响。因为溶液的 pH 值不但有可能影响被测物的吸光强度，甚至还可能影响被测物吸收峰的形状和峰位。

苯酚在紫外区有三个吸收峰，在酸性或中性溶液中，$\lambda_{max}$ 为 196.3nm，210.4nm 和 269.8nm；在碱性溶液中 $\lambda_{max}$ 位移至 207.1nm，234.8nm 和 286.9nm。图 60-1（A、B）为 0.021g/L 的苯酚分别在 0.010mol/L 盐酸溶液与 0.010mol/L 氢氧化钠溶液中的紫外吸收光谱。由图 60-1 可知在盐酸溶液与氢氧化钠溶液中，苯酚的紫外吸收光谱有很大差别，所以在用紫外可见吸收分光光度分析苯酚时应加缓冲溶液，本实验是通过加氢氧化钠强碱溶液来控制溶液 pH 值的。

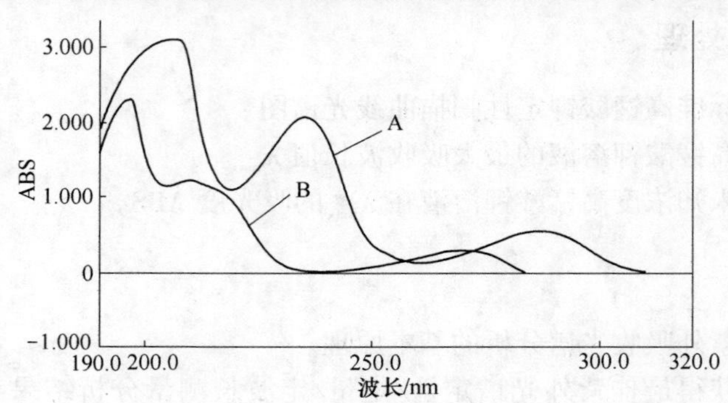


图 60-1　酚的紫外吸收光谱
A—苯酚在 0.010mol/L 氢氧化钠溶液中的紫外吸收光谱；B—苯酚在 0.010mol/L 盐酸溶液中的紫外吸收光谱

## 三、仪器和试剂

（1）仪器：日本岛津 UV-1601 紫外可见分光光度计，1.0cm 石英比色池。

（2）试剂：0.5g/L 苯酚标准溶液；0.25mol/L NaOH。

## 四、实验步骤

（1）准确移取 0.5g/L 的苯酚标准溶液 5.00mL 于 50mL 容量瓶中，用蒸馏水稀释至刻度，摇匀，分别移取上述苯酚溶液 0.00mL，5.00mL，10.00mL，15.00mL 于 25mL 容量瓶中，另移取合适体积的未知溶液（视未知溶液中苯酚溶液的浓度而定）2 份于 25mL 容量瓶中，上述各容量瓶中分别加 1mL 0.25mol/L 的 NaOH 溶液，用蒸馏水稀释至刻度，摇匀。

（2）开启紫外光谱仪，关闭钨灯，开启氘灯，按下述步骤扫描谱图：

1）用 1.00cm 石英比色池，以 0.01moL/mL NaOH 溶液作空白，绘制上述苯酚标准溶液的紫外吸收光谱曲线，找出最大吸收波长 $\lambda_{max}$。

2）固定在最大吸收波长处，测量苯酚标准溶液的吸光度，在该波长下以浓度对吸光度绘制标准曲线，最后测量未知浓度苯酚溶液的吸光度，计算未知样品的浓度。打印出工作曲线和测定参数。

## 五、数据处理

（1）计算原始未知样中的苯酚的浓度。

（2）求出苯酚在碱性溶液中最大吸收波长 $\lambda_{max}$ 处的摩尔吸光系数 $\varepsilon$。

# 实验61 红外吸收光谱法定性测定苯甲酸

## 一、实验目的

(1) 学习用红外吸收光谱进行化合物的定性分析。
(2) 掌握用压片法制作固体试样晶片的方法。
(3) 熟悉红外分光光度计的工作原理及使用方法。

## 二、实验基本原理

在化合物分子中，具有相同化学键的原子基团，其基本振动频率吸收峰（简称频峰）基本上出现在同一频率区域内，例如，$CH_3(CH_2)CH_3$，$CH_3(CH_2)_4C\equiv N$ 和 $CH_3(CH_2)_5CH=CH_2$ 等分子中都有$—CH_3$，$—CH_2—$基团，它们的伸缩振动基频峰与图11-1 $CH_3(CH_2)_6CH_3$ 分子的红外线光谱中$—CH_3$，$—CH_2—$基团的伸缩振动基频峰都出现在同一频率区域内，即在<3000cm$^{-1}$波数附近，但又有所不同，这是因为同一类型原子基团，在不同化合物分子中所处的化学环境有所不同，使基频峰频率发生一定移动，例如 $—\overset{\overset{O}{\|}}{C}—$ 基团的伸缩振动基频峰频率一般出现在1850~1860cm$^{-1}$范围内，当它位于酸酐中时，$v_{C=O}$为1820~1750cm$^{-1}$；在酯类中时，$v_{C=O}$为1750~1725cm$^{-1}$；在醛中时，$v_{C=O}$为1740~1720cm$^{-1}$；在酮中时，$v_{C=O}$为1725~1710cm$^{-1}$；在与苯环共轭时，如乙酰苯中$v_{C=O}$为1695~1680cm$^{-1}$，在酰胺中时，$v_{C=O}$为1650cm$^{-1}$等。因此掌握各种原子基团基频峰的频率及其位移规律，就可应用红外线吸收光谱来确定有机化合物分子中存在的原子基团及其在分子结构中的相对位置。由苯甲酸分子结构可知，分子中各原子基团的基频峰的频率在4000~650cm$^{-1}$范围内有：

| 原子基团的基本振动形式 | 基频峰的频率/cm$^{-1}$ |
|---|---|
| $v_{=C-H}$(Ar上) | 3077，3012 |
| $v_{C=C}$(Ar上) | 1600，1582，1495，1450 |
| $\delta_{C=H}$(Ar上邻接五氢) | 715，690 |
| $v_{O-H}$(形成氢键二聚体) | 3000~2500(多重峰) |
| $\delta_{O-H}$ | 935 |
| $v_{C=O}$ | 1400 |
| $\delta_{C-O-H}$(面内弯曲振动) | 1250 |

本试验用溴化钾晶体稀释苯甲酸标样和试样，研磨均匀后，分别压制成晶体，以纯溴化钾晶片作参比，在相同的试验条件下，分别测绘标样的红外吸收光谱，然后从获得的两张图谱中，对照上述的各原子基团基频峰的频率及其吸收强度，若两张图谱一致，则可认为该试样是苯甲酸。

## 三、实验仪器和试剂

（1）仪器：德国 BRUKER Tensor27 红外分光光度计、压片机、红外干燥灯。

（2）试剂：苯甲酸（分析纯）、溴化钾（光谱纯）。

## 四、实验步骤

### （一）苯甲酸晶片和纯溴化钾晶片的制作

取预先在 110℃下烘干 48h 以上，并保存在干燥器内的溴化钾 1～2mg 放在玛瑙研钵中磨细，再加入 0.1～0.2mg 苯甲酸继续研磨混合均匀。用不锈钢刮刀移取少许混合粉末于压片模具上（图 61-1），依次放好各部件后，把压模置于压片机（图 61-2）位置 2 处，并旋转压力丝杆手轮 1 压紧压模，顺时针旋转放油阀 4 到底，然后一边抽气，一边缓慢上下移动压把 3，加压开始，注视压力表 5，当压力加到 $1\times10^5$～$1.2\times10^5$kPa（约 100～120kg/cm$^2$）时，停止加压，维持 3～5min，反时针旋转放油阀 4，加压解除，压力表时针指“0”，旋松压力丝杆手轮 1 取出压模，即可得到直径为 13mm、厚度为 1～2mm 透明的苯甲酸钾晶片，小心从压模中取出晶片，同时按照上述步骤制作溴化钾晶片。

图 61-1　红外压片模具

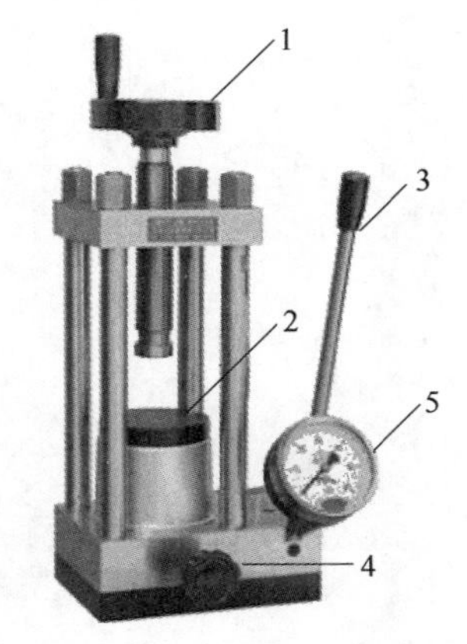


图 61-2　DF-4 型红外压片机

### （二）红外测试

分别将溴化钾晶片和苯甲酸晶片固定在红外分光光度计的测试光路中进行。

## 五、数据处理

（1）记录试验条件。

（2）在苯甲酸试样红外吸收光谱上，标出各特征吸收峰的波数，并确定其归属。

## 六、思考题

（1）红外吸收光谱分析对固体试样的制片有何要求？

（2）如何着手进行红外吸收光谱的定性分析？

（3）红外光谱试验室为什么对温度和相对湿度要维持一定指标？

## 七、注意事项

（1）制得的晶片，必须无裂痕，局部无发白现象，如同玻璃般完全透明，否则应重新制作。晶片局部发白，表示压制的晶片厚薄不匀，晶片模糊，表示晶体吸潮，水在光谱图 $3450cm^{-1}$ 和 $1640cm^{-1}$ 处出现吸收峰。

（2）在相同的试验条件下，测绘苯甲酸试样的红外吸收光谱。

（3）控制红外测试时室内温度在 18~20℃，相对湿度不大于 65%。

# 实验 62 红外吸收光谱法测定液体有机化合物的结构

## 一、实验目的

（1）掌握液体试样的制备方法。

（2）掌握红外分光光度计的工作原理，进一步熟悉其使用方法。

（3）进一步学习用红外吸收光谱进行化合物的定性分析。

## 二、实验基本原理

不同的样品状态（固体、液体、气体以及黏稠样品）需要相应的制样方法，制样方法的选择、制样技术的好坏直接影响谱带的频率、数目和强度。液体试样可采用液膜法或配制成溶液用溶液法，置于液体吸收池中进行测定。

### （一）液体池法

样品的沸点低于 100℃可采用液体池法。选择不同的垫片尺寸可调节液池的厚度，对强吸收的样品用溶剂稀释后再测定。

### （二）液膜法

样品的沸点高于 100℃可采用液膜法制样。黏稠的样品也采用液膜法。这种方法较简单，只要在两个盐片之间滴加 1～2 滴未知样品，使之形成一个薄的液膜。流动性较大的样品，可选择不同厚度的垫片来调节液膜的厚度。

## 三、仪器和试剂

（1）仪器：德国 BRUKER Tensor27 红外分光光度计、液体吸收池、红外干燥灯。

（2）试剂：无水乙醇、液体试样。

## 四、实验步骤

（1）按仪器使用方法启动，并使之运行正常后，预热 20～30min。

（2）液体试样的制备：从干燥器中取出液体吸收池框架和两片 NaCl 盐片。先滴加 2 滴无水乙醇于盐片上，再将盐片倒置于绒布上磨光其表面。然后滴加 2 滴液体试样于一块盐片上，再将另一块盐片平压其上，两块盐片粘在一起，中间形成一层薄膜层。小心地将盐片置于吸收池的框架上，然后将液体吸收池放入仪器试样吸收池光路中进行测量，测试红外光谱图，进行谱图处理（基线校正、平滑、归一化）。

（3）按照仪器使用方法关机。

（4）液体吸收池的清洗方法：测量结束后，应及时取出液体吸收池平置于桌面上，旋开螺帽，卸下框架，取出盐片，每片各滴2滴无水乙醇，用棉花吸干，重复两次，处理后将盐片反过来在绒布上磨光。晾干后，收存于干燥器中。

## 五、注意事项

任何时候都要保持盐片的干燥、透明。每次测量前后均应进行磨光处理，但千万注意盐片不能用水冲洗。

## 六、数据处理

（1）列出主要吸收峰并指认归属。

（2）比较标准聚苯乙烯与测定的聚苯乙烯的谱图，列表讨论它们的主要吸收峰，并确认其归属。

# 实验 63　荧光分析法定性测定维生素 E

## 一、实验目的

（1）学习和掌握荧光光度分析法测定维生素 E 的基本原理和方法。

（2）熟悉荧光分光光度计的结构及使用方法。

## 二、实验原理

维生素 E 又称生育酚（Tocopherol）或抗不育维生素，是苯并二氢呋喃的衍生物，其中以 α-生育酚的生物效价最高，其结构式如下：

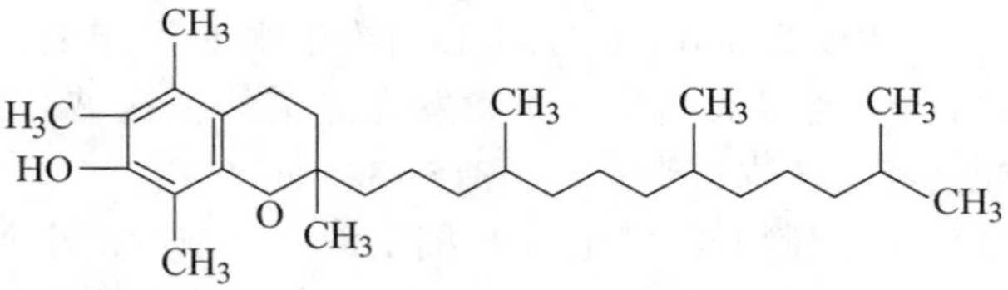

α-生育酚为黄色油状液体，不溶于水，溶于有机溶剂，对热和酸稳定，对碱与氧不稳定，易被氧化破坏。α-生育酚分子具有苯环结构，形成共轭双键体系，该体系离域 π 电子易激发，因此具有荧光特性，其荧光强度与维生素 E 含量成正比。

## 三、仪器与试剂

（1）仪器：日立 F-4500 荧光分光光度计，电热恒温水浴锅，电子分析天平。

（2）试剂：新配 0. 01mol/L 盐酸，无水乙醇，维生素 E 胶丸。

## 四、实验步骤

### （一）维生素 E 原液 A 的配制（100μg/mL）

取维生素 E（油剂）10mg，置于 100mL 容量瓶中，加入 20mL0. 01mol/L 盐酸，于恒温 70℃水浴锅振荡 30min。冷却后，加入 70mL 无水乙醇，在室温下振荡 3min，用无水乙醇定容到 100mL，保存备用。

### （二）维生素 E 原液 B 的配制（0. 4μg/mL）

取原液 A1. 0mL，用无水乙醇定容为 250mL，保存备用。

### （三）维生素 E 测定液的配制

将比色管编号，依次加入不同体积的原液 B，再加入无水乙醇，使终体积为

10mL，振荡摇匀，即得到不同浓度的维生素 E 的测定液（表 63-1）。

**表 63-1　维生素 E 测定液配制的参考表**

| 比色管号 | B | C | D | E | F |
|---|---|---|---|---|---|
| 溶液 B/mL | 0.1 | 0.2 | 0.3 | 0.4 | 0.5 |
| 无水乙醇/mL | 9.9 | 9.8 | 9.7 | 9.6 | 9.5 |
| $V_E$ 浓度 | $1.0\times10^{-8}$ | $2.0\times10^{-8}$ | $3.0\times10^{-8}$ | $4.0\times10^{-8}$ | $5.0\times10^{-8}$ |

（四）仪器检测

用 0.1mol/L NaOH 溶液与 $10^{-8}$mol/L 荧光素溶液配制仪器检测液，设置激发波长 $E_x$=475nm，扫描范围在 500～620nm 之间，得到扫描图谱，其最大发射峰值与理论设定值 514nm 吻合，即说明仪器性能正常。

（五）维生素 E 荧光光谱的测定

（1）预扫描：取浓度为 $4.0\times10^{-8}$mol/L 的维生素 E 测定液，在 250～720nm 波长范围内进行扫描，经多次扫描，即激发光光谱峰值区波长范围 $E_x$ = 285～295nm，发射光光谱峰值区波长范围 $E_m$ = 315～325nm。

（2）光谱测定：将配制好的维生素 E 测定液，按浓度由小到大的顺序，控制激发光波长为 288nm 左右，在 310～370nm 波长范围依次测定维生素 E 的发射光谱图。

## 五、结果处理

（1）打印并分析光谱图。

（2）由光谱图确定维生素 E 的最大激发波长和最大发射波长，将数据填入表 63-2。

**表 63-2　维生素 E 浓度、最大激发波长和最大发射波长记录表**

| 样品序号 | B | C | D | E | F |
|---|---|---|---|---|---|
| 浓度 | | | | | |
| 最大激发波长/nm | | | | | |
| 最大发射波长/nm | | | | | |

# 实验 64　荧光分析法测定维生素 $B_2$

## 一、实验目的

（1）学习和掌握荧光光度分析法测定维生素 $B_2$ 的基本原理和方法。

（2）熟悉荧光分光光度计的结构及使用方法。

## 二、实验原理

荧光光谱包括激发光谱和发射光谱两种。激发光谱是荧光物质在不同波长的激发光作用下测得的某一波长处的荧光强度的变化情况，也就是不同波长的激发光的相对效率；发射光谱则是某一固定波长的激发光作用下荧光强度在不同波长处的分布情况，也就是荧光中不同波长的光成分的相对强度。

既然激发光谱是表示某种荧光物质在不同波长的激发光作用下所测得的同一波长下荧光强度的变化，而荧光的产生又与吸收有关，因此激发光谱和吸收谱极为相似，呈正相关关系。

由于激发态和基态有相似的振动能级分布，而且从基态的最低振动能级跃迁到第一电子激发态各振动能级的概率与由第一电子激发态的最低振动能级跃迁到基态各振动能级的概率也相近，因此吸收光谱与发射光谱呈镜像对称关系。

对同一物质而言，在稀溶液（即 $abc \ll 0.05$），荧光强度 $F$ 与该物质的浓度 $c$ 有以下关系：

$$F = 2.303\Phi_f I_0 abc$$

式中，$\Phi_f$ 为荧光过程的量子效率；$I_0$ 为入射光强度；$a$ 为荧光分子的吸收系数；$b$ 为试液的吸收光程。$I_0$ 和 $b$ 不变时：

$$F = KC$$

式中，$K$ 为常数。因此，在低浓度的情况下，荧光物质的荧光强度与浓度呈线性关系。

$VB_2$（即核黄素）在 430~440nm 蓝光的照射下，发出绿色荧光，其峰值波长为 525nm。$VB_2$ 的荧光在 pH=6~7 时最强，在 pH=11 时消失。

## 三、实验仪器药品

### （一）仪器设备

日立 F4500 荧光光度计，吸量管（5mL），容量瓶（50mL），棕色试剂瓶（500mL）。

（二）药品

（1）10.0mg/L $VB_2$ 标准溶液：准确称取 10.0mg $VB_2$，将其溶解于少量的1% HAc 中，转移至 1L 容量瓶中，用 1%HAc 稀释至刻度，摇匀。该溶液应装于棕色试剂瓶中，置阴凉处保存。

（2）待测液：取市售 $VB_2$ 一片，用 1%HAc 溶液溶解，定容成 1000mL，贮于棕色试剂瓶中，置阴凉处保存。

## 四、操作步骤

（一）标准系列溶液的配制

在五个干净的 50mL 容量瓶中，分别加入 1.00mL，2.00mL，3.00mL，4.00mL 和 5.00mL $VB_2$ 标准溶液，用 $H_2O$ 稀释至刻度，摇匀。

（二）标准溶液的测定

设置适当的仪器参数（如 Data Mode = Fluorescence，激发波长 = 435nm，发射波长 = 525nm），用蒸馏水作空白，清零。然后，从稀到浓测量系列标准溶液的荧光强度。

（三）未知试样的测定

取待测液 2.50mL 置于 50mL 容量瓶中，用 $H_2O$ 稀释至刻度，摇匀。用测定标准系列时相同的条件，测量其荧光强度。

## 五、数据处理

（1）用标准工作曲线法算出所配实测试液的浓度。

（2）计算注射液中维生素 $B_2$ 的含量，并计算测定量占标示量的比例。

# 实验 65　火焰原子吸收光谱法测定矿泉水中的镁

## 一、实验目的

（1）学会采用标准工作曲线法进行定量分析的方法。

（2）进一步掌握 AAS 仪器的工作原理。

（3）熟悉原子吸收分光光度计的基本操作。

## 二、方法原理

原子吸收法是以测量基态原子蒸气外层电子对共振线的吸收为基础的分析方法，进行定量分析依据是在一定测定条件下，吸光度与被测元素含量成正比，即 $A=KC$。

火焰原子吸收法就是将待测元素的试液经火焰原子化法使待测试液原子化，解离成基态原子蒸气。待测元素的空心阴极灯发射出待测元素特征光谱，通过原子化器中一定厚度的原子蒸气，其中部分特征谱线被原子蒸气中待测元素的基态原子所吸收，透过特征谱线经分光系统将非特征波长的光分离掉，减弱后的特征线被检测器检测，根据特征谱线被吸收的程度，便可测得试样中待测元素的含量。

标准曲线法是原子吸收分光光度分析中一种常用的定量分析方法，常用于未知试液中共存的基体成分较简单的情况，试样批量较多的情况，如果共存基体比较复杂，应在标准溶液中加入相同类型和浓度的基体成分，以消除或减少基体效应带来的干扰，必要时采用标准加入法而不能用标准曲线法。应用原子吸收法测定水中的镁是一种灵敏、准确、快速的方法。

## 三、仪器与试剂

（一）仪器

日本岛津 AA6650 原子吸收分光光度计，镁空心阴极灯，乙炔钢瓶，空气压缩机、乙炔钢瓶，通风设备，玻璃器皿一套。

（二）试剂

1000μg/mL 镁标准（国家二级标准）；

镁的工作标准溶液（100μg/mL）：取 10. 0mL 镁的储存标准溶液于 100mL 容量瓶中，用去离子水稀释至刻度，摇匀。

## 四、实验步骤

（一）仪器的调节

按照仪器使用方法及镁的最佳实验条件，启动仪器，点燃火焰，调节好实验条件，喷入二次去离子水，仪器调零后就可进行测量。

（二）标准溶液的配制

标准工作曲线法的标准系列溶液的配制：在 5 个 25mL 容量瓶中分别加入 100μg/mL 镁标准使用溶液 2.00mL、4.00mL、6.00mL、8.00mL、10.00mL，用二次去离子水定容后摇匀，得到浓度为 8.00μg/mL、16.0μg/mL、24.0μg/mL、32.0μg/mL、40.0μg/mL 的标准溶液。

（三）吸光度的测定

（1）在最佳测定条件下，仪器调零后即测定标准工作曲线法的标准系列溶液，从低浓度到高浓度各瓶的吸光度。

（2）在上述实验条件下测定矿泉水试样的吸光度。

（3）实验结束时，按仪器的使用方法熄火后关机。

## 五、结果处理

绘制标准工作曲线，从曲线上查出矿泉水中含镁离子浓度，从而计算出原矿泉水中镁离子的含量，用 mg/L 表示。

## 六、思考题

（1）若测定过程中，测定条件发生变化对结果有何影响？

（2）原子吸收分光光度分析中为何要用待测元素的空心阴极灯作光源？能否用氢灯或钨灯代替，为什么？

## 七、注意事项

自来水试液的吸光度应在标准工作曲线的中间，否则稀释后重新测定。

# 实验 66 原子吸收光谱法测定人头发中的锌

## 一、实验目的

(1) 掌握原子吸收分光光度法的特点及应用。
(2) 了解原子吸收分光光度计的结构及其使用方法。

## 二、实验原理

原子吸收光谱法应用广泛，但通常是溶液进样。有机试样在分析时需要先进行消解处理，去除有机物基体，转化成溶液，然后再进行分析。

对有机试样前处理的要求是试样分解完全，在分解过程中不能引入玷污和造成待测组分的损失，所用试剂及反应产物对后续测定应无干扰。

## 三、仪器与试剂

### (一) 仪器

日本岛津 AA6650 原子吸收分光光度计；空心阴极灯；空气压缩机；乙炔钢瓶；电热板 1 个；容量瓶 5mL 5 个、100mL 21 个；移液管 5mL、10mL、25mL 各 1 支；烧杯 25mL 3 个，50mL、100mL、500mL 各 1 个；量筒 15mL 1 个。

### (二) 试剂

(1) Zn 储存标准溶液（1000μg/mL，购自国家标准物质中心）。
(2) $HNO_3$，$HClO_4$ 均为优级纯。

### (三) 仪器条件

火焰原子吸收仪器工作条件见表 66-1。

**表 66-1 火焰原子吸收仪器工作条件**

| 火焰 | 乙炔-空气 | 乙炔流量 | 1mL/min |
|---|---|---|---|
| 空气流量 | 5mL/min | 空心阴极灯电流 | 4mA |
| 燃烧器高度 | 6mm | 吸收线波长 | 213.9nm |
| 狭缝宽度 | 0.5nm | | |

## 四、实验步骤

### (一) 发样采集

取发尾 0.5~1cm 的头发 2g 左右，于小三角烧瓶中，用中性丝毛洗涤剂浸泡

15min，用蒸馏水冲洗干净（至无泡沫）。再用水洗涤干净，于 80℃烘干 1h，保存于干燥器中备用。

（二）发样的处理

准确称取混匀的发样 1.000g，置于 25mL 烧杯中，加入 $V(HNO_3:HClO_4=4:1)$ 的混合溶液 10mL，盖上表面皿，放置 2h，在电热板上加热 10min，升温至微沸，待冒浓烟后，取下冷却，用少量去离子水冲洗表面皿及杯壁，加热冒白烟后蒸至近干，取下稍冷，加入 2mL HCl，加热至湿盐状，冷却，用 0.1%的 HCl 稀释至刻度。

（三）标准溶液的配制

取 Zn 标准储备液，分别配制 5 个 50mL 的标准溶液，浓度范围为 1～10μg/mL，用 1%的 HCl 稀释至刻度，摇匀备用。

（四）测定

打开仪器按照上述条件设定好仪器条件。待仪器稳定后，用空白溶剂进行调零，将配制好的标准溶液由低浓度到高浓度依次进样测定，读出吸光度，然后进行未知试样的测试并读出吸光度。

## 五、结果处理

根据所测得的标准溶液的吸光度，绘制工作曲线，并求算试样中锌的浓度，计算出人发中锌的含量。

# 参考文献

[1] 吴烈善，覃登攀，唐景静，等．化学混凝法处理选矿废水的实验研究［J］．矿业安全与环保，2007，5：15-17.

[2] 严煦世，范瑾初．给水工程［M］．第四版．北京：中国建筑工业出版社，1999.

[3] 许保玖，安鼎年．给水处理理论与设计［M］．北京：中国建筑工业出版社，1992.

[4] 李圭白，张杰．水质工程学［M］．北京：中国建筑工业出版社，2005.

[5] 张自杰，顾夏声，等．排水工程（下册）［M］．第四版．北京：中国建筑工业出版社，2011.

[6] 胡宏．水处理工程实验［M］．浙江大学环境与资源实验教学中心，2008.

[7] 王东旭．离子交换树脂的鉴别与分离［J］．内蒙古质量技术监督，2003（2）：33-34.

[8] 高廷耀，顾国维，周琪．水污染控制工程［M］．北京：高等教育出版社，2007.

[9] 赵文霞，李再兴．环境工程实验指导书［M］．河北科技大学环境科学与工程学院自编教材，2007.

[10] 谢澄，陈中豪，疏明君，等．三项生物流化床的相含率及气液传质性能研究［J］．工业用水与废水，2001，32（6）：1-4.

[11] 张翔．厌氧消化-SBR-絮凝组合工艺处理牛粪废水研究［D］．郑州：郑州大学，2008.

[12] 张波，史红钻，张丽丽，等．pH 对厨余废物两相厌氧消化中水解和酸化过程的影响［J］．环境科学学报，2005，25（5）：665-669.

[13] 徐德福，徐建民，王华胜，等．湿地植物对富营养化水体中氮、磷吸收能力研究［J］．植物营养与肥料学报，2005，11（5）：597-601.

[14] 李涛，周律．湿地植物对污水中氮、磷去除效果的试验研究［J］．环境工程，2009，27（4）：25-28.

[15] 程冰冰．水培湿地植物根系系统对有机物和氨氮的去除能力研究［D］．广州：华南农业大学，2016.

[16] 徐景涛．典型湿地植物对氨氮、有机污染物的耐受性及其机理研究［D］．济南：山东大学，2012.

[17] 黄清辉，王东红，王春霞，等．沉积物中磷形态与湖泊富营养化的关系［J］．中国环境科学，2003，23（6）：583-586.

[18] 俞林伟．广东省城市湖泊底泥磷形态及其与富营养化的关系［D］．广州：暨南大学，2006.

[19] 王圣瑞，金相灿，崔哲，等．沉水植物对水-沉积物界面各形态氮含量的影响［J］．环境化学，2006，25（5）：533-538.

[20] 杨宇虹，赵正雄，李春俭，等．不同氮形态和氮水平对水田与旱地烤烟烟叶糖含量及相关酶活性的影响［J］．植物营养与肥料学报，2009，15（6）：1386-1394.

[21] 王红梅，张莹．人工湿地中 COD、$NH_4$-N 去除的研究［J］．山东化工，2004（4）：5-7.

[22] 李锋民，宋妮，单时，等．好/厌氧多级串联潜流人工湿地对 COD 的去除效果［J］．环境科学与技术，2010，33（S1）：8-11.

[23] 杜靖宇，来庆云，张仲宇，等．潜流人工湿地中 COD 与 BOD 的去除研究［J］．环境保

护与循环经济，2016，36（5）：44-47.

[24] 宋志文，赵丙辰，席俊秀，等．人工湿地对有机污染物的去除效果与动态特征［J］．生态环境学报，2006，15（1）：15-19.

[25] 李志刚，李素丽，梅利民，等．美人蕉（Canna indica Linn.）和芦苇（Phragmites australis L.）人工湿地对含铬生活污水的净化效果及植物的生理生态变化［J］．农业环境科学学报，2011，30（2）：358-365.

[26] 黄海连．人工湿地对含 Cr 生活污水的净化效果及机理研究［D］．南宁：广西大学，2010.

[27] 郝吉明，段雷．大气污染控制工程实验［M］．北京：高等教育出版社，2004.

[28] 许士韶，翟玉胜，彭兴中．生产岗位空气含尘浓度的测定［J］．水泥，1982（12）：25-29.

[29] 王淑勤，胡满银，刘忠，等．文丘里旋风水膜除尘器利用废碱液脱硫的试验研究［J］．河北电力技术，1999，1：35-37.

[30] 郝吉明，马广大，王书肖．大气污染控制工程［M］．第三版．北京：高等教育出版社，2010.

[31] 王超．陶瓷粉体粒度分布的测定方法与应用［J］．中国陶瓷工业，2009，16（3）：27-29.

[32] 赵文霞，任爱玲．环境工程实验指导书［M］．河北科技大学自编教材，1999.

[33] 崔九思．室内空气污染监测［J］．中国环境卫生，2003，3：3-11.

[34] 郭二果，王成，郄光发，等．城市空气悬浮颗粒物时空变化规律及影响因素研究进展［J］．城市环境与城市生态，2010，23（5）：34-37.

[35] 柯昌华，金文刚，钟秦．环境空气中大气颗粒物源解析的研究进展［J］．重庆环境科学，2002，3：55-59.

[36] 于红．大气中二氧化硫的测定［J］．福建环境，1994，5：23.

[37] 依成武，欧红香，等．大气污染控制实验教程［M］．北京：化学工业出版社，2009.

[38] 祝优珍，王志国，等．实验室污染与防治［M］．北京：化学工业出版社，2009.

[39] GB 9801—88 空气质量一氧化碳的测定非分散红外法［S］．国家环境保护局，1998.

[40] 江娟，闫江，周永莉，等．生活垃圾厌氧堆肥产甲烷特性研究［J］．环境污染与防治，2005，7：22-24.

[41] 闫江，江娟．生活垃圾厌氧堆肥产甲烷及古细菌多样性分析［J］．环境科学与技术，2006，4：9-10.

[42] 翟金良，何岩，邓伟．向海洪泛湿地土壤全氮、全磷和有机质含量及相关性分析［J］．环境科学研究，2001，6：40-43.

[43] GB 7173—87 土壤全氮测定法（半微量开氏法）［S］．国家标准局，1987.

[44] 李立平，张佳宝，邢维芹．0. 5mol/L $NaHCO_3$ 提取土壤氮磷钾的研究［J］．土壤通报，2009，40（2）：338-343.

[45] 张建民，王猛，葛晓萍，等．ICP-AES 法与传统 FAAS 法测定土壤速效钾和钠的数据可转换性研究［J］．光谱学与光谱分析，2009，29（5）：1405-1408.

[46] 黄丽萍，帅芳，陈双建，等．枣园土壤中几种矿质元素含量的变化［J］．安徽农业科学，2015，43（20）：90-91.

[47] 刘讯，叶红环，廖佳元，等. 喀斯特小流域不同土地利用方式下土壤容重分析 [J]. 山地农业生物学报，2014，33 (4)：63-66.
[48] 王思砚，苏维词，范新瑞，等. 喀斯特石漠化地区土壤含水量变化影响因素分析——以贵州省普定县为例 [J]. 水土保持研究，2010，17 (3)：171-175.
[49] 李孝良，陈效民，周炼川，等. 西南喀斯特石漠化过程对土壤水分特性的影响 [J]. 水土保持学报，2008，22 (5)：198-203.
[50] 周吉利，邹刚华，彭佩钦，等. 中亚热带典型红壤区土壤氮矿化动力学参数估算 [J]. 农业现代化研究，2015，36 (4)：702-707.
[51] 宋歌，孙波，教剑英. 测定土壤硝态氮的紫外分光光度法与其他方法的比较 [J]. 土壤学报，2007，44 (2)：288-293.
[52] 王静静. 影响土壤中可溶性总氮、铵态氮和硝态氮测定条件的研究 [D]. 呼和浩特内蒙古农业大学，2015.
[53] 董凯凯. 黄河三角洲退化湿地淡水恢复对土壤养分和植被的影响研究 [D]. 济南；济南大学，2011.
[54] 白岚，杜继煜. 蔬菜中硝态氮含量的测定 [J]. 农业与技术，2002，6：107-108.
[55] 白宝璋. 甜菜叶绿素含量的快速测定 [J]. 中国甜菜，1987，2：31-32.
[56] 贾君. 5 种水果中维生素 C 含量的测定研究 [J]. 冷饮与速冻食品工业，2004，10 (2)：33-34.
[57] 王娟. 锌铅胁迫对鄱阳湖湿地植物根际微生物的影响 [D]. 南昌：南昌大学，2012.
[58] 张超兰，陈文慧，韦必帽，等. 几种湿地植物对重金属镉胁迫的生理生化响应 [J]. 生态环境学报，2008，17 (4)：1458-1461.
[59] 律秀娜，任丽娜，黄真真，等. 干旱胁迫对月见草体内游离脯氨酸含量的影响 [J]. 高师理科学刊，2007，27 (3)：66-68.
[60] 唐浩，刘钊钊，李银生，等. 土壤汞污染胁迫对蚯蚓体内几种抗氧化酶活性的影响 [J]. 上海交通大学学报 (农业科学版)，2017，35 (3)：17-23.
[61] 黄晓冬，李裕红，钟淑红，等. BaP 污染对可口革囊星虫氧自由基积累及膜脂过氧化的影响 [J]. 泉州师范学院学报，2013，31 (2)：70-74.
[62] 王迪，罗音，高亚敏，等. 外施海藻糖对高温胁迫下小麦幼苗膜脂过氧化的影响 [J]. 麦类作物学报，2016，36 (7)：925-932.
[63] 聂国兴，明红，胡建业，等. 无机离子对淀粉酶活性的影响 [J]. 水生态学杂志，2004，24 (4)：26-29.
[64] 樊怀福，郭世荣，杜长霞，等. 外源 NO 对 NaCl 胁迫下黄瓜幼苗氮化合物和硝酸还原酶活性的影响 [J]. 西北植物学报，2006，26 (10)：2063-2068.
[65] 李芳兰，包维楷. 植物叶片形态解剖结构对环境变化的响应与适应 [J]. 植物学报，2005，22 (S1)：118-127.
[66] 喻斌，黄会一. 城市环境中树木年轮的变异及其与工业发展的关系 [J]. 应用生态学报，1994，1：72-77.
[67] 高正良，钱玉梅，张文同. 烟蚜种群增长模型的研究 [J]. 安徽科技学院学报，1993，3：23-26.

[68] 王洋，刘超，高静，等．叶际微生物诱发气孔免疫的机制及其应用前景［J］．植物学报，2013，48（6）：658-664.
[69] 王根轩，邓建民，张浩，等．天然降雨梯度下植被群体调控指数及其地上/地下差异研究［C］//浙江省生物多样性保护与可持续发展研讨会会议．2006.
[70] 金皖豫，李铭，何杨辉，等．不同施氮水平对冬小麦生长期土壤呼吸的影响［J］．植物生态学报，2015，39（3）：249-257.
[71] 晋瑜，潘存德，王梅，等．荒漠植物群落物种多样性及其测度指标比较［J］．干旱区地理（汉文版），2005，28（1）：113-119.
[72] 贺金生，陈伟烈．陆地植物群落物种多样性的梯度变化特征［J］．生态学报，1997，17（1）：91-99.
[73] 刘春胜，陈四清，孙建明，等．狼鳗幼鱼对温度和盐度耐受性的试验研究［J］．渔业现代化，2011，38（2）：1-5.
[74] 金方彭，李光华，高海涛，等．光唇裂腹鱼幼鱼对温度、盐度、pH 的耐受性试验［J］．水产科技情报，2016，43（6）：303-307.
[75] 宋玉芳，许华夏，任丽萍，等．土壤重金属对白菜种子发芽与根伸长抑制的生态毒性效应［J］．环境科学，2002，23（1）：103-107.
[76] 林匡飞，徐小清，郑利，等．Se 对小麦种子发芽与根伸长抑制的生态毒理效应［J］．农业环境科学学报，2004，23（5）：885-889.
[77] 李必斌，张海霞，潘连富．紫外-可见吸收光谱法定性定量测定食用合成色素［J］．中国卫生检验杂志，2001，11（1）：58-60.
[78] 李亚新，赵晨红．紫外分光光度法同时定量测定多组分混合物——喹啉吡啶吲哚苯酚［J］．环境工程，1999，2：58-60.
[79] 回瑞华，侯冬岩，关崇新，等．红外光谱法测定奶粉中苯甲酸钠的含量［J］．食品科学，2003，24（8）：121-123.
[80] 李小英，谭小宁，李麒，等．红外吸收光谱法测定土壤中碳和硫［J］．理化检验：化学分册，2011，47（12）：1481-1482.
[81] 许金钩，黄贤智，黄新建，等．同步荧光分析法同时测定维生素 $B_1$ 和 $B_2$［J］．中国医药工业杂志，1985，11：7-10.
[82] 孙振艳，赵中一，郭小慧，等．荧光分析法测定维生素 C［J］．化学分析计量，2006，15（4）：18-20.
[83] 刘立行，李萍，李玉泽，等．非完全消化-火焰原子吸收光谱法测定人发中的钙和镁［J］．光谱学与光谱分析，2001，21（4）：560-562.
[84] 翟雯航，高勇伟，邱林．火焰原子吸收光谱法测定人发中锌含量［J］．华北水利水电大学学报（自然科学版），2009，30（3）：103-104.
[85] 蒋建国．固体废物处理处置工程［M］．北京：化学工业出版社，2005.
[86] 张小平，萧锦．固体废物污染控制工程［M］．北京：化学工业出版社，2004.
[87] 娄安如，牛翠娟．基础生态学实验指导［M］．北京：高等教育出版社，2005.
[88] 郝吉明，马广大，等．大气污染控制工程［M］．北京：高等教育出版社，1989.
[89] 蒲恩奇，任爱玲．大气污染治理工程［M］．北京：高等教育出版社，1999.

[90] 奚旦立，等．环境监测［M］．第二版．北京：高等教育出版社，1999.

[91] 赵文霞，任爱玲．环境工程实验指导书［M］．河北科技大学，1999.

[92] Yoda K，Kira T，Ogawa H，et al. Intraspecific competition among plants XI Self-thinning in overcrowded pure stands under cultivation and natural conditions［J］. J. Biol. Osaka City University，1963，14：107-129.

[93] Brown JB，Gillooly JF，Allen AP，et al. Toward a metabolic theory of ecology［J］. Ecology.，2004，85：1771-1789.

[94] Brown IF，Martinelli LA，Thomas WW，et al. Uncertainty in the biomass of Amazonian forests：an example from Rondônia，Brazil［J］. Forest Ecology and Management，1995，75：175-189.

[95] Deng JM，Wang GX，E. Morris C.，et al. Plant mass-density relationship along a moisture gradient in north-west China［J］. J. of Ecology，2006，84：953-958.

[96] Enquist BJ，Brown JH，West GB. Allometric scaling of plant energetics and population density［J］. Nature，1998，395：163-165.

[97] Honzák，M，Lucas R M，I. do Amaral，et al. Estimation of the leaf area index and total biomass of tropical regenerating forests：a comparison of methodologies［J］. In Amazonian Deforestation and Climate，ed. J. H. C. Gash，C.

[98] Hunt R. Plant growth analysis. London：Edward Arnold，1978.

[99] Melotto M，Underwood W，Koczan J，et al. Plant stomata function in innate immunity against bacterial invasion［J］. Cell，2006，126，969-980.